U0895768

丛书编委会

危险化学品

企业班组长安全读本

余志红　编著

化学工业出版社
·北京·

危险化学品行业具有明显的行业特殊性，班组面临的安全生产条件更为苛刻，因此，本书立足危险化学品企业班组现场安全管理的实际，结合班组安全管理工作中常见的问题，较为全面地介绍了危险化学品企业班组安全管理的基础知识与基本技能。全书共分七章。主要介绍了班组长的角色认知、企业安全生产条件的法律规定、危险化学品行业危害辨识与控制、危险化学品企业班组安全卫生管理基本内容、危险化学品企业班组现场安全管理、班组安全文化建设的方法与实例、事故现场的应急措施与急救方法。

本书内容简明扼要、有针对性，可操作性强。可供广大危险化学品企业班组长学习参考。

图书在版编目（CIP）数据

危险化学品企业班组长安全读本/余志红编著. —北京：化学工业出版社，2009.5

（企业班组长安全系列读本）

ISBN 978-7-122-05028-1

Ⅰ. 危…　Ⅱ. 余…　Ⅲ. 化学品-危险物品管理：安全管理　Ⅳ. TQ086.5

中国版本图书馆 CIP 数据核字（2009）第 037912 号

责任编辑：杜进祥　高　震　　　装帧设计：尹琳琳

责任校对：李　林

出版发行：化学工业出版社（北京市东城区青年湖南街 13 号　邮政编码 100011）

印　　刷：北京云浩印刷有限责任公司

装　　订：三河市宇新装订厂

850mm×1168mm　1/32　印张 8¾　字数 231 千字

2013 年 6 月北京第 1 版第 4 次印刷

购书咨询：010-64518888（传真：010-64519686）　售后服务：010-64518899

网　　址：http://www.cip.com.cn

凡购买本书，如有缺损质量问题，本社销售中心负责调换。

定　　价：22.00 元

前言

随着现代社会经济的发展，“决战在班组”已经从口号变成了行动。班组是企业生产经营活动最基层的单位，班组职工既是企业完成安全生产各项目标的主要承担者和实现者，也是生产事故和职业危害的直接受害者。在倡导安全生产的今天，班组已经成为企业控制事故的前沿阵地，成为企业安全生产管理的基本环节。统计表明，90%以上的事故发生在班组，80%以上的事故是由于违章指挥、违章作业以及设备隐患没能及时发现和消除等人为因素造成的。因此，从安全角度来说，班组是控制事故的前沿阵地，是企业安全管理的基本环节。加强班组安全建设是企业加强安全生产管理的关键，也是减少伤亡事故最有效的办法。

班组长是班组各项工作的组织者和带领者，处在兵头将尾的特殊位置，是连接企业中层管理与基层员工的桥梁，发挥作用的领域与空间日益广阔。班组长安全素质和管理水平的高低，直接关系到企业安全生产状况的好坏。因此，科学地学习和掌握必要的班组安全生产管理知识、方法和技能，就成为企业班组长的当务之急。

现在我们编写的这一套《企业班组长安全系列读本》是专门为基层班组长而设计编写的工作指导用书。丛书包括《机械制造企业班组长安全读本》、《金属非金属矿山企业班组长安全读本》、《建筑施工企业班组长安全读本》、《危险化学品企业班组长安全读本》、《煤矿企业班组长安全读本》、《电力企业班组长安全读本》等。书中不仅吸收了国内外最优秀的班组安全管理理论和研究成果，而且精心选取了紧贴行业的班组建设实例，以期对班组长安全素质提升起到明确而具体的指导作用。

危险化学品行业也其他行业相比，存在着诸多不安全因素和职业性危害，其生产过程中具有易燃、易爆、易中毒和腐蚀性强等特点，容易发生爆炸、中毒、火灾等恶性事故，一旦发生生产性事故，将会给国家财产及人民生命安全造成巨大损失。因此，本书从班组长的角色认知分析入手，主要介绍了危险化学品企业的安全生产条件，企业危害辨识与控制，班组现场安全管理及安全文化建设的实例，紧密联系危险化学品行业班组安全生产工作的实际，讲述本行业班组长应该掌握的基础知识和基本技能，力求较强的针对性和实用性。

感谢刘欣为本书绘制漫画。

由于编者水平有限，书中难免存在一些疏漏和不足之处，敬请读者批评指正。

编者

2009 年 3 月

目 录

第一章 班组长的角色认知

第二章 企业安全生产条件的法律规定

第三章　危险化学品行业危害辨识与控制

第四章　危险化学品企业班组安全管理内容

第五章 危险化学品企业班组现场安全管理

第六章　班组安全文化建设的方法与实例

第一章

班组长的角色认知

班组是现代企业中最基层的一级管理组织。班组长集“兵头将尾”于一身，是班组行政管理的负责人，在企业生产中肩负着班组生产作业的计划、组织、落实、协调、指挥，以及各项行政管理工作。在企业组织架构中，班组长作为最基层的管理者，属于执行层，班组长既是班组生产的组织领导者，同时也是直接的生产者。班组长工作的好坏将直接影响车间的整个工作，他关系到企业基础工作的建立和完善。无论从理论上还是实践中班组长在企业中的地位和作用是十分重要的，是不容忽视的。

第一节 班组长的职责与权限

一、班组长的产生和地位

具体来说，班组长是指在生产现场，直接管辖 20 个左右的生产线作业员工，并对其生产结果负责的人。管理控制的幅度，因企业及行业区别而有所不同，而其称呼也有所不同，有组长、班长、领班等称谓。

1. 班组长的产生

班组长一般由车间主管任命或由群众推选，经现场、车间主管批准产生。班组长的工作是将生产资源投入，以生产出成品的管理，即对现场的作业人员、材料、设备、作业方法、生产环境等生产要素，直接指挥和监督，以达到企业的各项管理目标。

班组中的领导者就是班组长，就是班组生产管理的直接指挥者和组织者，肩负着提高产品质量、提高生产效率、降低成本、防止工伤和重大事故发生的使命，以及劳务管理、生产管理、辅助上司的职责。

2. 班组长的使命

使命是根本性的任务。班组长的使命就是在生产现场组织创造利润的生产活动，就是为了达到所属集团（企业、部门等）追求的目标，根据现有的条件，高效率地完成自己应承担的组织目标或者分担的业务。通常包括四个方面：

（1）提高产品质量。质量关系到市场和客户，班组长要领导员工为按时按量地生产高质量的产品而努力。

（2）提高生产效率。提高生产效率是指在同样的条件下，通过不断地创新并挖掘生产潜力、改进操作和管理，生产出更多更好的高质量产品。

（3）降低成本。降低成本包括原材料的节省、能源的节约、人力成本的降低等。

（4）防止工伤和重大事故。坚持“安全第一，预防为主，综合治理”的原则，防止工伤和重大事故。对机械行业班组长而言，具体包括努力改进机械设备的安全性能，监督员工严格按照操作规程办事，杜绝违章行为。

3. 班组长应有的心智准备

※要有“望、闻、问、切”发现问题的意识。

※要敢于面对挑战和主动创新技术与管理。

※要具有处理问题的灵活性和技巧性。

※要具备处理复杂信息的判断能力和预见能力。

※要按照“三现原则”处理问题，即根据现场、现物、现实解决问题。

※要具有领导角色应有的凝聚力和领导力，营造团队合作精神的影响力。

※要具备高度的敬业精神和高超的专业知识。

※要自信并具有值得让别人信赖的人格品质。

二、班组长的职责与权限

1. 班组长的管理职能

班组长的管理职能如图 1-1 所示，其主要包括：

（1）计划。做好计划，包括年度计划、月计划、每天的计划，做到有条不紊。

（2）组织。组织生产，在组织生产中应注意如何用好班组的全体成员，如何坚持严格的班组规章制度。

（3）协调。协调好员工之间的关系，以提高员工的主观能动性和工作积极性。

（4）控制。控制生产的进度、目标。

（5）监督。监督生产的全过程，对生产结果进行评估。

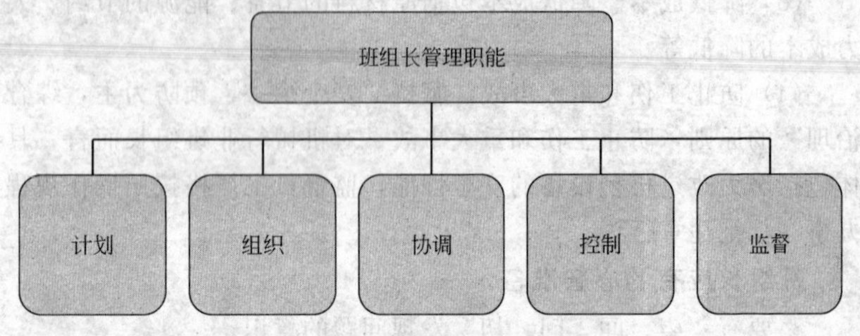

图 1-1　班组长的五大管理职能

2. 班组长的管理对象

班组长的管理对象如图 1-2 所示，其主要包括：

（1）人。对人的管理，也就是对员工的管理；

（2）财。对财进行管理，比如成本核算，资金流向；

（3）物。对物品的管理，也就是对生产的管理，其中物品主要是指生产资料；

（4）信息。对信息的管理，包括生产进度方面的信息，上级给

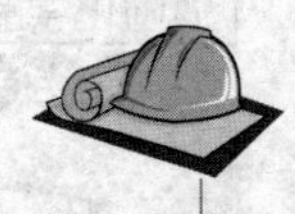

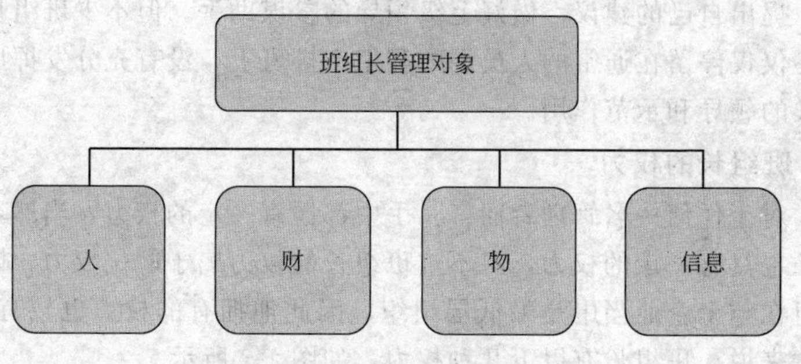

图 1-2 班组长的四大管理对象

下级下达的指示，下级向上级反馈的意见等。

3. 班组长的职责

班组长的使命与职责检查请您参照表 1-1，根据自身的实际情况如实填写，并针对自身的实际情况加以改正。

表 1-1 班组长的使命与职责检查表

班组长的使命与职责	执行情况	改进计划
提高产品质量	□ 没有做到 □ 部分做到 □ 完全做到	
提高生产效率	□ 没有做到 □ 部分做到 □ 完全做到	
降低成本	□ 没有做到 □ 部分做到 □ 完全做到	
防止工伤和重大事故	□ 没有做到 □ 部分做到 □ 完全做到	
劳务管理	□ 没有做到 □ 部分做到 □ 完全做到	
生产管理职责	□ 没有做到 □ 部分做到 □ 完全做到	
辅助上级	□ 没有做到 □ 部分做到 □ 完全做到	

注：根据自身的实际情况如实填写。

(1) 劳务管理。人事调配、排班、勤务、严格考勤、情绪管理、技术培训以及安全操作、卫生、福利、保健、团队建设等都属于劳务管理。

(2) 生产管理职责。生产管理职责包括现场作业、工程质量、成本核算、材料管理、机器保养等。

(3) 辅助上级。班组长应及时地向上级反映工作中的实际情况，提出自己的建议，做好上级领导的参谋助手。但不少班组长目前还仅仅停留在通常的人员调配和生产排班上，没有充分发挥出班组长的领导和示范作用。

4. 班组长的权力

对于任何一名管理者而言，手中都握有一定的权力，当然，班组长也具有一定的权力，只不过班组长的权力属于职位权力，因为班组在整个企业当中是最低层组织，因此他拥有的权力也较有限，具体来说，班组长有以下几种权力，如图 1-3 所示。

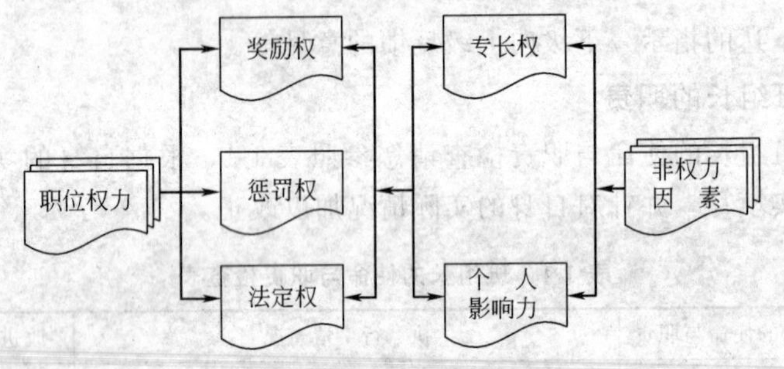

图 1-3　班组长权力的类型

（1）奖励权。如果组员能按照规章制度进行操作，而且取得了成绩，班组长有权对其进行物质或精神方面的奖励，目的是激励取得成绩的员工争取做得更好，另一个更重要的作用是充分发挥他的模范带头作用，以便有效地带动班组的全体成员都能积极主动地工作，把全组工作做得更好。班组长的这种权力就是奖励权。

（2）惩罚权。员工违规操作，造成了一些失误，或没有服从上级的安排，违反了组织纪律，那么就要惩罚他，严重的可以将其交给上级进行处理，轻的可以在班组会上口头批评，或单独对其进行批评，目的是让其按照既定的目标、规章制度来完成任务。这种权力称为惩罚权。

（3）法定权。厂规和法律中赋予班组长的其他权力，统称为法定权。例如信息处理权就属于法定权，上级的文件可以根据情况有的向下传达，有的暂缓传达，甚至不传达；下属反映的情况如果班

组长能处理，就不必上报。

（4）人格影响力。同样是一名班组长，为什么有的班组长能够一呼百应，而有的班组长却使员工口服心不服，甚至当面顶撞，除了职位权力之外，还有一个作用很大的因素——非权力因素，影响着班组长的权力。非权力因素与职位权力没有密切的关系，但是非权力因素却能有效地间接影响着权力因素的运用。非权力因素包括专长权和威望权（个人的影响力）。所谓专长权是指懂技术，会管理而带来的一种权力。个人影响力是现代领导科学中尤为强调的一种领导能力，它并非强制性的权力，而是指管理者靠个人的人格魅力影响员工的工作。

5. 班组长的权限

班组长的权限，是指在实际工作中拥有的管理权力范围，班组长的权限概括起来有以下 8 项：

（1）指挥管理权。班组长的指挥管理权具体体现在：有权安排计划、分解指标；有权布置工作，分配任务；有权调度生产；有权内部协调，发出指令。班组长要正确行使生产指挥与管理权，就必须遵循生产的客观规律，服从企业指挥系统的统一指挥，落实车间主任的生产指令，尊重员工的首创精神，抓好上下工序之间的衔接，把握产前、产中和产后三个环节，确保人机最佳组合，生产负荷饱和，节奏均衡紧凑。

（2）劳动组织调配权。班组长有权对班组内部的劳动进行调配，实行优化组合；有权批准权限范围内的假期，安排值班倒休；有权执行劳动纪律，维护生产正常秩序。

（3）完善制度权。班组长有权根据本厂的规章制度制定班组工作的实施细则。班组长完善制度权的主要内容有：贯彻企业和车间有关专业管理和民主管理的实施细则；落实经济责任制的实施细则；执行各工种的岗位责任制和安全生产责任制；实行本班组所规定的某些制度。

（4）拒绝违章指挥和停止违章作业权。班组长对违章指挥，有权依据国家的法规和政府有关部门的规定提出意见，直至拒绝；当发现设备运转不正常、工艺文件不齐全以及主要设备和原材料无使用说明书或合格证时，有权暂停设备运转；员工违章操作时，应加以制止，如操作者不听劝阻，班组长有权令其停止工作，直到危害消除。

（5）员工奖惩建议权。班组长有权向上级提出对本班组员工的奖惩建议。包括晋升工资、颁发奖品、奖金，授予先进荣誉称号以及提出经济处罚和行政处分建议。

（6）奖金分配权。班组长有权制订班组内部奖金分配方案，对班组成员的劳动成果进行定时和定性考核，并按规定分配班级奖金，奖勤罚懒。

（7）举荐权。班组长根据员工的德、才、效，有权向企业举才推荐本班组优秀员工深造、晋级或提拔到合适的岗位。

（8）维护员工合法权益权。在班组生产、生活、工作中，班组长要依法维护在劳动合同、劳动保护、安全生产、工资待遇、生活福利、发明创造、劳动休息、民主监督、民主管理等方面的员工合法权益，对侵犯员工合法权益的人和事，有权在弄清事实、辨清是非的基础上，依据有关政策法律规定，向上级主管提出意见和建议，对侵犯员工合法权益屡纠不改，甚至打击报复者，要依法抵制。

概括班组长的上述“八权”，实质上是指挥生产经营、管好班组、维护员工合法权益之权，这也是权、责、利三者的有机结合。

班组长的权力源泉，归根到底，是企业和员工赋予的。因此，只能是也必须是用这“八权”全心全意为企业和员工服务，而不应有什么私心杂念。班组长的权威越高，则非权力的影响就必然越大，班组长和班组内员工的凝聚力就越强，搞好班组建设也就越有保证。

三、班组长的工作方法

班组长的工作方法，实际上是指班组长为了实现班组的工作目标而运用的具体方式和手段。班组组织是由相互影响、相互协作的人员组成，是一个具有特定功能的群体。在这个群体中，班组长作为“兵头将尾”，起着主导作用，运用具体的工作方式和手段，使小组的管理工作处于良好状态，以实现班组工作的目标。

1. 依靠骨干，相互团结

班组是一个“小社会”，工作千头万绪，光靠一两个班组长不行，还必须有几个好帮手，同班组成员团结一致，才能完成班组工作任务。常言道：“一个篱笆三个桩，一个好汉三个帮”、“众人拾柴火焰高”、“团结就是力量”、“人心齐，泰山移”，所有这些都说明了依靠骨干搞好班组员工团结的重要性。依靠骨干、相互团结的一个重要方法，就是遇事同大家商量，尊重组织的意见，不管对与否，都应抱欢迎态度。不能只喜欢听顺耳意见，不喜欢听逆耳意见，特别是批评自己的意见；也不要表里不一，表面上欢迎，心里却不舒服，认为这是挑刺找茬儿，这是不对的。正确的态度应当是：“有则改之，无则加勉”。即使是错误意见，也要耐心进行说服教育，引导他们正确对待。这样，大家才愿意向班组长提建议，从而使班组长的工作做得更好，更能够反映全体组员的意愿。

2. 抓好典型，以点带面

抓先进典型，是做好班组工作的基本方法，也是不断探索班组工作经验、提高班组建设水平的一条重要途径。俗话说得好：“榜样的力量是无穷的”、“要使火车跑得快，全靠车头带”。要搞好班组工作，一线管理者要学会运用抓好先进典型，以点带面、以点促面的工作方法。

3. 运用激励，强化动力

大家知道，搞好班组建设内在的根本动力在于班组员工的责任感和工作积极性。用激励理论指导班组建设实践，是调动群众积极性的一个有效方法，也是班组长搞好班组工作的一个重要方法。

所谓激励理论，是调动员工积极性和创造性的一种理论，指的是利用外来刺激因素，激发人的动机的心理过程。就是说，通过激励，给人始终维持兴奋的积极状态，从而对工作产生渴求、热情和积极性，并把这种积极性变成行动，达到所追求的目标。美国哈佛大学的维廉·詹姆士对员工激励的研究结果表明，一个没有受过激励的人，其工作能力仅能发挥20%～30%，而一个受过正确和充分激励的人，其工作能力可以发挥80%～90%，甚至更高。由此，他得出的公式是：工作成绩＝能力×动机激励。可见，激励对于激发人的积极性是何等的重要。

4. 突出重点，“弹好钢琴”

讲究管理艺术，是班组长做好班组工作的一个重要方面。班组工作内容相当广泛，对班组工作安排不得当，往往就会产生顾此失彼的现象，有不少班组管理者感到工作难做，班组长难当，要敢于做当代的“司马光”。解决这个问题的办法，重要的就是学会“弹钢琴”。毛泽东同志曾经指出：“弹钢琴要十个指头都动作，不能有的动，有的不动，但是，十个指头同时都按下去，那也不成调子。要产生好的音乐，十个指头的动作要有节奏，要互相配合”。班组工作也是一样，不能平均使用力量，要抓住重点，有主有次，不能眉毛胡子一把抓。一个班组，有生产、质量、管理、思想教育、劳动竞赛等各方面的工作要做，毫无疑问，保质保量地完成班组的生产（工作）任务，是班组长的重点工作，班组长如果不抓住这个重点，那就等于拣了芝麻丢了西瓜。但是，工作重点并不是一成不变的，这就要求随着生产、工作的发展变化，把工作重点转向主要部分。如某一阶段生产管理混乱，劳动纪律松弛，这就要求把工作重点转向加强管理和思想教育。又如劳动效率很高，而产品质量下

降，或产品质量很好，但原材料浪费大，成本过高，这就要把工作重点转向提高产品质量和降低原材料消耗方面来。当然，其他方面工作的配合和协调，也要抓好。不能有的动，有的不动，把其他工作丢掉。所以，就要求班组管理者必须学会“弹钢琴”，把班组的各项工作搞得更有成效。

5. 疏通关系，协调矛盾

在涉及班组各方面的关系中，班组长面临着内外的矛盾和错综复杂的关系，既有纵向的管理与被管理的关系，又有横向的同其他班组、上下工序、班组长之间的关系。如何处理好这些关系，使班组工作在团结、友谊、轻松、和谐的氛围中得到健康发展，也是班组长施展工作艺术的一个重要方面。在处理上下级关系时，必须遵循下级服从上级的原则，如有不同意见，应说明情况和理由，在领导未改变原定指令或工作方案之前，班组长应边执行边向上一级领导反映；在处理同其他班组、上下工序的关系时，要相互尊重，相互支持，充分理解。在工作中发生矛盾时，要具体问题具体分析，使矛盾得到妥善解决。有了问题不互相推诿、互相埋怨、互相指责。要发扬风格，从我做起，严于律己，宽以待人。只要真诚这样做了，再紧张的关系也能日趋融洽，再尖锐的矛盾也可以得到缓解或消除。

第二节 优秀班组长的素质要求

一、班组长的素质要求

班组长要搞好班组管理，必须具备职业道德、技术业务、组织管理、文化知识、安全知识等方面的基本素质。

1. 职业道德素质

班组长的职业道德素质，是班组长的最基本素质。班组长的职业道德素质应包括：①强烈的事业心；②要有原则性和民主意识；③要有高尚的情操。职业道德素质与班组长所需具备的其他素质结合在一起，使班组建设的基础更加坚实。

2. 专业技术素质

班组长的专业技术素质，是指班组长对完成班组的生产（工作）任务应具备的专业知识。班组长要熟悉本工种的基础理论知识，熟悉本工种的各种基本操作技能，熟知班组所有工具设备的性能，并能正确使用、维护、保养和保管。此外，随着技术和信息的快速发展，企业技术更新越来越快，因此，班组长还要对本企业的技改更新和国外引进的新设备、新技术、新工艺有较快的消化吸收能力，班组长要成为职工心目中的“小专家”。

3. 组织管理素质

班组长是企业的“兵头将尾”，是生产现场的“管理者”。班组长在直接从事操作的同时，主要是组织推动组员完成生产工作任务，这就是人们称班组长为“管理者”的理由。因此，班组长应具备以下组织管理的素质：

一是明确目标，有完成任务的坚定信念。

二是努力学习，不断提高自己的组织管理能力。

三是深思熟虑，有正确的处理问题能力。

四是身先士卒，一身正气，具有团结班组成员的凝聚能力。

五是满腔热情，具有开拓改革的创新能力。

4. 文化知识素质

班组长的文化知识素质，是指班组长应具备一定的文化知识水平。文化知识素质主要包括文化水平、知识结构和实际经验等方面内容。随着企业科技含量越来越高，以及管理科学的广泛应用，对处在生产第一线的班组长的文化知识要求将越来越高。班组长要努力提高自己的文化知识，一般要从以下几个方面入手：

一是提高自己的学历水平，争取使自己达到高中以上的文化水平，要树立雄心壮志，争取岗位成才，自学成才；

二是使自己的知识结构更趋合理，班组长既要具备广泛的一般性知识，使自己有开阔的视野，又要努力掌握专业知识，使自己成为管理的“内行”；

三是把自己学到的知识，创造性运用到生产、管理实践中去，积累丰富的工作经验，不断提高分析和解决问题的能力。

5. 班组长的安全素质

安全知识是搞好安全工作的基础，它是通过大量的事故教训总结出来的规范化知识体系。近年来，国家花费了大量的精力制定了一些关于安全方面的法律、法规，这是国家在企业安全生产方面的大政方针。地方、行业主管部门也相应地制定了一些实施细则及具体规定。如何运用这些法律、制度、规定来指导企业的安全生产工作，班组长应从微观方面（即班组建设）来学习，领会、运用这些法律、法规，在保证班组成员安全的前提下，组织好安全生产工作。企业内部为适应安全生产的个体需要，参照国家的法律、法规，制定了一些切合本单位实际情况的规章制度，这是为企业的安全生产规定职工在具体生产作业中必须遵守的规章制度。班组长必须熟知涉及本班组的规程、制度，并把这些规章制度运用到实际生产中去，结合本班组的实际情况，经常组织职工学规程、学制度，并分清所在班组内的特殊工种、要害工种、危险工种，促使职工遵章作业，真正发挥这些规章制度的作用，以保证班组安全生产的正常进行。

二、优秀班组长的标准

1. 能力标准

管理并非天赋，任何一个人，都有可能成为一名出色的管理者。然而，最终只有很少一部分人能够成为管理者。而对于班组长，由于所处的角色的独特性，要成为一个优秀的班组长还得具有业务方面的专长，即高水平的专业能力。

（1）专业能力。对于班组长，其工作精力主要应用在一线操作上，因此专业技术所占的权重很高。作为一个兵头将尾，定要是业务尖子、行家里手，只有如此才能说话有分量、有权威。在所管辖的团队内，对自己的业务（人员、机器、材料、方法）娴熟，能够指导下属并向上司提供建议帮助正确判断，这是开展工作必须具备的能力，随着工作经验逐渐丰富，班组长作为基层管理人员，这方面的能力特别重要。

（2）管理能力。

第一，目标管理能力。在处理业务时，设定主题、时限、数量等具体的目标，提高员工们的参与意识，具备使P（Plan—计划）—D（Do—执行）—C（Check—检查）—A（Action—调整）这一循环不断地周而复始的能力。“PDCA”循环，见图1-4，是质量管理专家戴明博士提出的概念，因此又称其为“戴明环”。到现在为止，从未出现过可以适用于所有企业的管理模式，然而PDCA循环是能使任何一项活动有效进行的工作方法，特别是在

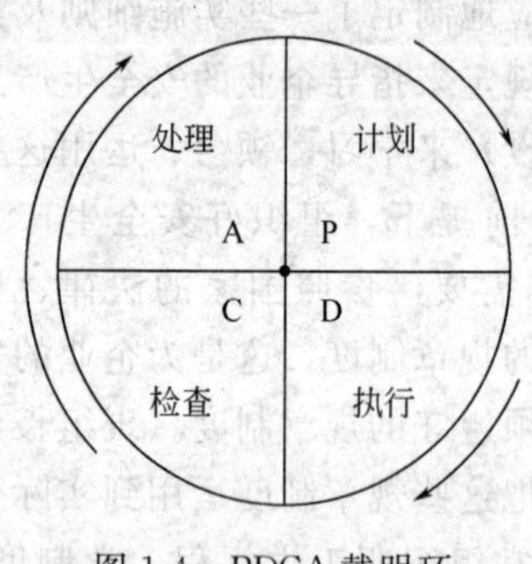

图1-4　PDCA戴明环

生产管理（尤其是品质管理）中，得到了广泛的应用。

第二，解决问题能力。具有发现问题的意识和想像预测能力，一旦发现妨碍达到目标或业务开展的问题，立即分析现状，查找原因。善于用多问思维，从全方位思考对策，并提出对策直至解决工作上的问题。

第三，组织能力。为了达到部门的目标，利用班组每一个人员的特点进行任务的分派，发挥全体人员的能力，同心协力，使部门运作达到1＋1＞2的效应。

第四，交流、交际能力。为了能够进行直接地意见沟通、交流必要的信息，应该具备高度的说话、倾听、商谈、疏通及说服对方的能力。交流能力随着工作经验和悟性会逐渐提高。良好的沟通协调能减少摩擦、融洽气氛、提高士气，有助于构筑良好的信赖关系。

第五，倾听的能力。很多管理者都有这样的体会，一位因感到自己待遇不公而愤愤不平的员工找你评理，你只需认真地听他倾诉，当他倾诉完时，心情就会平静许多，甚至不需你做出什么决定来解决此事。这只是倾听的一大好处，善于倾听还有其他两大好处：一是让别人感觉你很谦虚；二是你会了解更多的事情。每个人都希望受到重视，并且都有表达自己意见的愿望。所以，友善的倾听者自然成为最受欢迎的人。

第六，幽默的能力。管理者进行管理的目的是为了使他的下属能够准确、高效地完成工作。轻松的工作气氛有助于达到这种效果，幽默可以使工作气氛变得轻松，使人感到亲切。幽默的管理者能使他的下属体会到工作的愉悦。在一些令人尴尬的场合，恰当的幽默也可以使气氛顿时变得轻松起来。可以利用幽默批评下属，这样不会使下属感到难堪。当然，对于那些悟性较差或顽固不化的人，幽默往往起不了作用。

第七，激励的能力。要让员工充分地发挥自己的才能努力去工作，就要把员工的“要我去做”变成“我要去做”，实现这种转变的最佳方法就是对员工进行激励。如果我们用激励的方式而非命令的方式安排员工工作，更能使员工体会到自己的重要性和工作的成就感。激励的方式并不会使你的管理权力被削弱。相反，你会更加容易地安排工作，并能使他们更加愿意服从你的管理。优秀的管理者不仅要善于激励员工，还要善于自我激励。作为一个管理者，每天有很多繁杂的事务及大量棘手的事情需要解决，其所面对的压力可想而知。自我激励是缓解这种压力的重要手段。通过自我激励的方式，可以把压力转化成动力，增强工作成功的信心。

第八，指导员工的能力。在经过深思熟虑后，为了顺利地开展日常业务而传授必要的知识及方法；指出员工在意识和行动上的不足之处；使大家理解业务的定位、重要性，提高他们的工作劲头。

第九，培养能力。对部下的培养是管理人员的重要任务。培养能力是熟悉每一个部下的欲求，在工作中让他们自由发挥自己的长处，使他们的成就感与工作能力能够长期有计划地得到提高。

第十，控制情绪的能力。一个成熟的管理者应该有很强的情绪控制能力。当一个领导者情绪很糟的时候，很少有下属敢向他汇报工作，因为担心他的坏情绪会影响到对工作和自己的评价，这是很自然的。从这点意义上讲，你作为班组长，你的情绪已经不单单是自己私人的事情了，会影响到你的下属及其他部门的员工。

第十一，自我约束的能力。不沉湎于惰性及日常业务之中，要描绘“理想的自画像”，经常以此自律自己的行动。为此必须非常了解自己的长处与短处，在有限的时间内有效地活用，努力增进自己的知识、人格、健康的能力。

第十二，概念化能力。这种能力是把握事物的本质，发现问题、了解问题时不可缺少的能力。概念化能力取决于工作环境和个人悟性，带有潜能性质。

2. 职责标准

（1）班组长工作职责。班组长是基层的管理员，直接管理作业人员，是Q（品质）、C（成本）、D（交货期）指标达成的最直接的责任者。班组长的工作职责主要包括：①劳务管理。人事调配、

排班、勤务、严格考勤、情绪管理、技术培训以及安全操作、卫生、福利、保健、团队建设等都属于劳务管理。②生产管理。生产管理职责包括现场作业、工程质量、成本核算、材料管理、机器保养等。③辅助上司。班组长应及时地向上司反映工作中的实际情况，提出自己的建议，做好上司的参谋助手。但不少班组长目前还仅仅停留在通常的人员调配和生产排班上，没有充分发挥出班组长的领导和示范作用。

(2) 班组长职责标准。班组的职位不高，但责任却不小。一个企业的基层需要多个班组共同组成一个协作链条，不同的工作班组有着不同的分工。因此，对于不同班组其工作职责也不尽相同。下面列举在中国的世界 500 强企业的相关标准，给广大读者以借鉴。

班组长（工段长）安全职责标准

签发人： 签发日期：

责任人： 执行阶段：

☆组织员工学习、贯彻执行企业、车间各项安全生产规章制度和安全操作规程，教育员工遵章守法，制止违章行为。

☆组织参加安全日活动，坚持班前讲安全、班中检查安全、班后总结安全。

☆负责组织安全检查，发现不安全因素及时组织力量加以清除。发生事故立即报告，并组织抢救，保护好现场，做好详细记录，协助事故调查、分析，落实防范措施。

☆搞好安全消防措施、设备的检查维护工作，使其经常保持完好和正常运行，督促和教育员工合理使用劳保用品，正确使用各种防护器材。

☆搞好“安全月”、“安全周”活动和班组安全生产竞赛，表彰先进，推广经验。

☆发动员工搞好文明生产，保持生产作业现场整齐、清洁。

工程技术人员安全职责标准

签发人：　　　　　　　　　　　　签发日期：
责任人：　　　　　　　　　　　　执行阶段：

☆负责做好本职范围内的安全生产工作，做到安全技术与工程技术的统一，确保各项技术工作的安全可靠性。

☆负责编制本专业的安全技术规程。在编制开、停工或设备检修、技术改造方案时，都要有可靠的安全措施，并检查执行情况。

☆经常对生产操作人员、检修作业人员进行操作技术与安全生产知识教育，组织开展技术练兵活动。

☆经常深入现场检查，发现事故隐患，及时提出整改措施予以消除。

☆参加有关事故调查、分析，查明原因，提出防范措施，防止事故重演，并及时向管理者和有关部门汇报。

班组安全员安全职责标准

签发人：　　　　　　　　　　　　签发日期：
责任人：　　　　　　　　　　　　执行阶段：

☆班组安全员一般由副班（组）长兼任、协助班组长做好本班组安全工作。接受车间安全员的业务指导，协助班组长做好班前安全布置、班中安全检查、班后安全总结。

☆组织开展本班组各种安全活动，认真做好安全活动日记录，提出改进安全工作的意见和建议。

☆对新工人进行岗位安全教育。

☆严格执行有关安全生产的各项规章制度，对违章作业有权制止，并及时报告。

☆检查督促班组人员合理使用劳保用品和各种防护用品、消防器材。

☆发生事故要及时了解情况，维护好现场，并及时向管理者汇报。

生产工人安全职责标准

签发人：　　　　　　　　　　　　　　　　签发日期：

责任人：　　　　　　　　　　　　　　　　执行阶段：

☆认真学习和严格遵守各项规章制度、劳动纪律，不违章作业，并劝阻制止他人违章作业。

☆精心操作，做好各项记录，交接班必须交接安全生产情况，交班要为接班创造安全生产的良好条件。

☆正确分析、判断和处理各种事故苗头，把事故消灭在萌芽状态。发生事故，要果断正确处理，及时如实地向上级报告，严格保护现场，做好详细记录。

☆作业前认真做好安全检查工作，发现异常情况，及时处理和报告。

☆加强设备维护，保持企业现场整洁，搞好文明生产。

☆上岗必须按规定着装。妥善保管，正确使用各种防护用品和消防器材。

☆积极参加各种安全活动。

资料来源：世界500强企业管理标准研究中心．生产安全管理标准．北京：东方出版社，2004.

第三节　班组长的角色认知

一、科学定位班组长的角色

角色认知是组织行为学中的一个概念，意思是指每个人都像生活在一个大舞台上，都在充当着一定的角色，在这个舞台上你是什么角色就唱什么调，绝不能反串。在实际工作中如果出现反串，就属于角色错位。

班组长作为企业的基层管理者，直接管理作业人员，是Q（品质）、C（成本）、D（交货期）指标达成的最直接的责任者，是公司思想、理念和政策的传达者，是从执行者到监督者的过渡，是员工和公司之间紧密联系的桥梁。如果他们发生了角色错位、角色缺位，那怎能期望企业可以持久发展？

二、作为下属的班组长的角色认知

对于班组长的直接主管人员而言，班组长是其命令、决定的贯彻者和执行者，对其工作起着辅助和补充的作用。在对现场管理的过程中，班组长既是管理精神传播的窗口，又是主管与作业人员沟通的桥梁。

1. 班组长作为下属的职业准则

※班组长的职权基础是来自上司的委托或任命，对上司负责；

※班组长是上司的代表，其言行是一种职务行为；

※执行上司的决议；

※在职权范围内做事。

2. 做好左右手角色

班组长是中层管理人员的左右手。是“左右手”而非“左右脑”，表示班组长的工作重点是实施，即以最好的方法贯彻上司的指示和命令。具体要注意以下几点：

※是辅助上司工作，而非设计主导；

※协助上司开展工作，与上司形成配合和互补关系；

※指出上司不足时，应该注意方式；

※原则上，只接受直接上司的工作指令，只向直接上司负责和汇报工作。

作为下属，必须准确地了解领导的指示，以及领导指示的背景、环境和领导的风格。有时候作为下级的你费了很大的力气做某

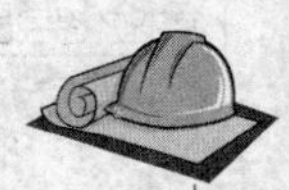

事，但并不是领导所希望的，结果费了力气反而没有达到应有的效果。当然也有可能你是正确的，但是领导不了解，怎么办呢？这时要选择适当的时机把自己的建议呈上，让领导比较全面、准确地接受或者采纳你的建议。

三、作为上司的班组长的角色认知

对作业员工而言，班组长是其直接的领导，并对他们进行作业指导，评价其作业能力及作业成果。班组长是作业人员的帮助者和支持者。只有全力以赴地支持下属的工作，并竭尽全力地帮助下属解决工作上的困难，才能赢得员工的爱戴和拥护。如果一旦晋升为班组长，就对作业人员以权相压，必然会失去他们的支持，从而可能在以后的人事变更中被降职或被解雇。要成为优秀的班组长：

1. 必须了解下属的期望

（1）办事要公道。办事要公道说起来容易，但做起来却非常难。我国由于过去长期受传统的小农经济和计划经济的影响，公平常常被错当成平均主义，所以需要班组长在分配工作中做到办事公道、奖罚分明，分配利益时也要做到公道，只有这样才能够服众。

（2）关心部下。缺乏对员工在工作、生活上的关心和了解员工自然也会不满意你。

（3）目标明确。目标明确是做领导的一个最重要和最起码的前提。作为一个班组长，目标也应非常明确，否则就纯粹是一个糊涂官。

（4）准确发布命令。班组长作为一线的指挥者，发布命令的准确程度应像机场上的管制员给飞行员发布命令一样的准确，否则容易产生歧义，在命令的传播过程中必然会出现这样或那样的失误，造成工作中的事故。

（5）及时指导。工作中，下属总是希望自己能时常得到上司的及时指导，因为上司的及时指导就是对下属的关注和培训。

（6）需要荣誉。作为班组长还应做到非常慷慨地把荣誉和奖金分给大家，你部下的劳动模范越多，你的工作就能做得越好。

2. 从员工到班组长的角色改变

※在工作内容上，从实际操作到做管理；

※在工作方式上，从个性化到组织化；

※在人际关系上，从感情关系到事业关系；

※在目标上，从个人目标到团队目标；

※在工作力度上，从守成到改善；

※在管理方式上，从听从到指挥。

四、作为同事的班组长的角色认知

对班组长而言，其他的班组长是同事，是工作上的协作配合者，同时又在晋升方面形成竞争关系。现代化生产最直接的特点是高度的协作分工，所以同事之间工作的交流配合日益变得频繁。与此同时，同事之间又面临着残酷的竞争。毕竟，晋升的人占少数，如果你提升了，那么别人可能就不得不接受做你下属的结局。因此，班组长之间面和心不和、表面互相尊重暗地里互相拆台的现象时有发生。作为同事，最容易产生矛盾、冲突最多、最让人感到头疼的是：

① 一点小事扯来扯去；

② 一件很重要的事踢来踢去；

③ 本位主义；

④ 别人为自己做什么都是应当的。

五、班组长自我定位实用表格范例

班组长自我定位表格是班组长在进行自我检测时，对检测实施情况和结果进行记录和分析的管理工具。

1. 班组长的使命与职责检查表

班组长的使命与职责检查项目见表1-2。

表 1-2 班组长的使命与职责检查表

班组长的使命	执 行 情 况	改进计划
提高产品质量	□没有做到 □部分做到 □完全做到	
提高生产效率	□没有做到 □部分做到 □完全做到	
降低成本	□没有做到 □部分做到 □完全做到	
防止工伤和重大事故	□没有做到 □部分做到 □完全做到	
劳务管理	□没有做到 □部分做到 □完全做到	
生产管理职责	□没有做到 □部分做到 □完全做到	
辅助领导	□没有做到 □部分做到 □完全做到	

使用说明：

目的：明确班组长的使命与职责，充分发挥班组长的重要作用；

填写：根据自身的实际情况填写。

2. 班组长的管理水平现状检查表

班组长的管理水平现状检查项目见表 1-3。

表 1-3 班组长的管理水平现状检查表

班组长的管理水平现状描述		现状评估	备注
生产技术型	业务尖子，但缺乏人际协调的能力，工作方法简单	□是 □否	
盲目执行型	缺乏创新和管理能力，态度作风生硬	□是 □否	
大撒把型	得过且过，徒有虚名，没有威信	□是 □否	
劳动模范型	是好同志，工作中能起示范带头作用，但不适合担任班组长职位，或非常需要提高管理能力	□是 □否	
哥们义气型	意气用事，缺乏原则性，混同于非正式组织的小头目	□是 □否	

使用说明：

目的：了解自己的管理水平现状；

填写：在与自己管理现状相符的条目后选择“是”，并在“备注”一栏中对自己的管理水平现状进行总结。

3. 班组长的角色认知检查表

班组长的角色认知检查项目见表 1-4。

表 1-4　班组长的角色认知检查表

角色认知的内容		对自己和环境的分析
对自己	对自己的角色规范、权利和义务准确把握，但也不要过头	
对领导	了解领导的期望值。作为下属来说必须及时、准确了解领导的指示、领导指示的背景与环境，同时要了解领导的风格，适时地向领导提出自己的建议	
对下级	了解下属的期望值，包括办事公道、关心下属、目标明确、及时指导和需要荣誉等各个方面	

使用说明：
目的：提高班组长的管理水平；
填写：根据自身情况和所面对的具体环境进行分析。

第四节　班组长的安全责任和任务

很多安全生产事故，究其根源，其中重要的因素就是麻痹大意，心存侥幸，有了隐患发现不了，甚至是熟视无睹。“兵头将尾”的班组长是班组安全生产的第一责任人，和生产一线人员一起工作，一起面对生产中的各种安全问题，对工人操作和现场安全生产情况最了解，与班组成员的切身利益、安全责任利害关系也最为密切。由此可见，班组长落实安全责任的意义和作用不可小觑。虽然落实安全责任还有领导，有车间管理部门，有安全检查员，但关键还是取决于员工自己的责任意识以及班组长落实安全责任是否扎实有效。班组长的工作责任落实到位了，生产一线的安全生产局面就会有大的改变。

一、班组长的安全职责

在生产过程中要明确落实班组长的安全生产责任，这是企业岗

位责任制的一个重要组成部分，更是企业安全生产的最重要的组织保证措施，是安全生产工作的核心所在。班组长的安全生产责任有：

1. 宣传贯彻安全生产方针、政策

在生产过程中，班组长要认真宣传贯彻上级有关安全生产的指示，严格执行“安全第一，预防为主，综合治理”的方针，模范遵守并指导监督员工认真执行安全工作规程和工艺质量标准，对本班组人身、设备、运行、检修工作的安全全面负责。当安全与质量、安全与进度、安全与生产、安全与效益发生矛盾时，首先要服从于安全。

2. 开好班前、班后会，落实“五同时”，认真进行“两交两查”

认真开好班前、班后会，认真贯彻安全生产“五同时”（在制订计划、布置、检查、总结、评比工作的同时，要对安全工作进行计划、布置、检查、总结、评比）。对每项工作都应该做到事先“两交”（即交任务、质量、进度，交安全措施和文明生产要求）和事后“两查”（查任务完成情况，查安全文明生产情况）工作。组长在布置生产任务时，必须指出可能影响安全的因素，并提出预防措施和要求。

3. 编制安全目标及实施计划

组织编制年度班组安全管理目标及实施计划，对年度“两措”（反事故措施计划、安全技术措施计划）要落实专人负责。认真分析本班组的习惯性违章行为，制定针对性防范措施，每月组织对照检查，并严格考核。

4. 搞好安全日活动，抓好安全评价、预防和预测工作

每周组织好安全日活动，做到活动有内容、有记录、有实效。每月组织班内人员对设备、系统、设施进行安全评价、技术分析、预防预测工作。

5. 检查作业场所及责任区，落实安全措施

组织班内人员认真进行设备巡回检查、现场设施检查，积极做好消除设备、人身隐患工作。要经常巡查工作现场，制止违章作业和违反工艺标准的行为。有重大隐患、缺陷要及时汇报，积极排除。

6. 对异常以上事件要认真抓好“四不放过”

班组发生异常及各类不安全事件，要按规定向领导汇报并保护现场。要及时对事故进行调查分析，由有关人员分别写出不安全事件的发生经过、原因以及本人处理等情况。对不安全事件要按“四不放过”原则做到原因清楚、责任明确、对策落实。

7. 抓好现场设备、设施、工器具管理工作

管好、用好安全工器具，做到专人负责，加强维修，定期检查试验，不合格的要及时更换，并做好记录。要督促员工正确使用劳动保护用品，保障人身和设备安全。

8. 搞好传、帮、带，提升班组成员安全意识

搞好传、帮、带工作对班组安全建设尤为重要。一是对本班组的生产特点、作业环境、最易发生事故的区域、设备运行状况、消防设施等进行介绍；二是明确劳动保护、文明生产以及安全操作规程、岗位责任制和劳动纪律的要求；三是对本班组发生过的安全事故进行剖析，采取预防措施。

二、班组长如何做好安全工作

班组建设是企业组织生产、搞好安全的基本工作之一。班组的功能就是在保证班组成员安全的前提下完成其生产任务，提高其生产效率。班组长作为兵头将尾，在企业的班组建设中起着举足轻重的作用。在班组的日常生产中，班组长是安全生产工作的带头人，他（她）的言行举止对班组的每个人都有很强的示范效应，这就要求班组长要有较高的安全知识水平。在新的经济形势下，搞好班组

建设工作，特别是班组建设中的安全工作，必须正确处理好安全与生产的关系，在班组的生产过程中应始终贯彻“安全第一”的方针，要充分认识到只有安全生产才能促进班组建设。因此，在班组的日常工作中，班组长要做好安全工作，应不断提高班组建设中的全员安全素质；完善班组建设中的安全管理内容；加强班组建设中的安全管理力度，以保证企业在安全的前提下持续发展。

1. 提高班组全员安全素质

班组建设中全员安全素质是指班组整体的安全素质水平，是班组整体的安全素质在安全生产管理工作中的具体体现。在平时的生产过程中，班组全体成员，尤其是班组长要不断加强安全知识的学习，对本班组所涉及的安全操作规程要有所了解，并要求班组成员熟记本岗位安全操作规程，严格按标准化作业，使班组成员不断积累安全知识，强化安全意识的形成，提高班组成员的整体安全素质。

班组成员都要从班组的整体角度来考虑和解决班组安全生产中存在的各种问题及隐患。要立足岗位、立足个人，从本岗位出发，不断学习本岗位的安全操作规程及标准化作业，加强自保意识，在保证个体安全的前提下，监督、督促班组其他成员的安全，进而促进班组内互保意识的形成。这样整个班组的安全素质就会不断提高，全员安全就有了保证。

2. 加强班组建设中的安全管理力度

在班组建设中，班组内的各种管理制度都要从严执行，安全管理方面的制度也不例外。安全生产是企业增加效益的基础工作，班组又是企业加强安全工作的基础。在讲效益、讲持续发展的今天，安全就意味着效益。因此，班组在加强班组建设的同时正确处理好安全与生产的关系，树立安全第一的思想，完善班组内各项安全管理制度，强化安全管理力度，做到生产不忘安全，生产服从安全，从企业的大局出发，建立健全班组的相互保护和相互监督制度，从严管理，严格执行安全制度，按操作规程作业，按标准化作业。特别是企业班组作业路线长，人员分散，安全管理的难度大，困难多，不安全因素及事故隐患也会随之增多。这就要求班组长在班组建设中，要提出符合本班组实际情况的措施计划，并把这些措施计划落到实处，充分发动班组成员，征求他们在班组建设中对安全工作的意见和建议，对提出的意见和建议要逐条研究分析，做到具体问题具体分析具体对待，拿出切实可行的解决途径，把班组建设中的安全工作做好。具体说来就是要管理好人的行为和监测物的状态。

（1）消除人的不安全行为。在班组建设中，人的行为安全与否关系到整个班组的利益。通常情况下，一个班组少则几人多则几十人，班组成员安全行为良好，效率提高，生产任务就会超额完成，收入就有所保障。反之，有不安全行为出现，必然会导致事故发生，事故影响波及到班组其他成员，生产任务就不能按期完成，收入就会受到影响。这就要求在生产过程中对发现的不安全行为不能姑息迁就，要及时纠正，并真正认识到不安全行为所带来的危害性。在消除人的不安全行为上，班组长要把重点放在STOP卡和班后会的讲评曝光及职工现场培训上。据统计表明，90%以上的事故隐患都是由违章造成的。这都是造成一些事故及未遂事件的根源。这就要求参与现场实际操作的班组长做到以下三点：一是上岗前班组长要检查本班组各岗位员工劳保护具是否穿戴齐全，规范；是否携带火种，手机等。班组长应率先垂范，严格执行规章制度，遵守操作规程。提示及纠正现场各岗位员工不规范的操作行为，把识别员工的不良习惯，防止员工的不安全行为作为一项重要内容，勤检查、勤督促、勤教育，要有一张“婆婆嘴”。班组长在发现员工的不安全行为后应立即制止并加以教育同时填写在STOP卡上，在班后会进行通报。班组长应监督各岗位员工对规章制度的执行、对操作规程的遵守情况。二是班组长应切实做好职工以实践操作为主的技能培训，针对现在新职工多，操作水平低，安全意识淡薄的现状，这项工作更是迫在眉睫。做到从“要我安全”到“我要安全，我能安全”，做到人人都以保证自己的生命安全为根本（即“以我为本”），能够坚决做到拒绝他人违章指挥、拒绝合作操作者

违章操作、杜绝自己违章操作。三是班组长应密切关注本班组员工的身体状态和思想动态，尤其是学徒工，大部分只是进行了短期培训，有些很难适应生产的高体力劳动、快节奏；很难适应车间相对枯燥单调的生活，这样必然造成其思想上的波动，会造成操作时无法集中精力，潜伏着巨大的安全隐患。这就要求班组长做到从工作、生活的各个方面给予关心。

充分发挥班前会、班后会的作用，会会讲安全，人人讲安全，大力提倡安全行为，真正形成班组的安全氛围，使班组内人人行为安全。

（2）消除物的不安全状态。在企业生产过程中，除个别流动性大的班组外，一般班都是在相对固定的范围内作业，所看护的设备、使用的工具也是比较固定的。生产过程中对周围的环境、看护的设备、使用的工具是否处于安全状态，要处处查看、时时提防，做到心中有数。如危险作业中流动性大的班组，到新作业地点时，首先检查安全措施是否良好等。把物的不安全状态彻底排除，这样才能形成好的作业环境，避免物的伤害，使班组成员在安全的环境下完成其生产任务。班组长要监督落实好交接班制度，监督各岗位员工在接班检查时做到：看到、摸到、听到、闻到，要严格按照巡回检查路线逐项对岗位所负责的设备、设施、工具、资料进行详细的检查。认真组织召开班前会，根据本班工况，值班干部安排的辅助工作进行合理、具体的分工，在班组生产过程中要督促员工检查设备的使用、维护、保养状况，尤其是重点要害部位，发现安全隐患应及时有效的进行处理，并上报值班干部，确保设备正常运转。

第二章 企业安全生产条件的法律规定

安全卫生法律法规是指在生产过程中产生的、用来调整同劳动者或生产人员的安全与健康，以及生产资料和社会财富安全保障有关的各种社会关系的法律规范的总称。安全卫生法规是国家法律体系的重要组成部分，是党和国家的安全生产方针政策的集中体现。它以法律的形式规定人们在生产过程中的行为规则，用国家强制力来维护企业安全生产的正常秩序。因此，有了安全卫生法律法规，就可以使安全生产工作做到有法可依、有章可循。

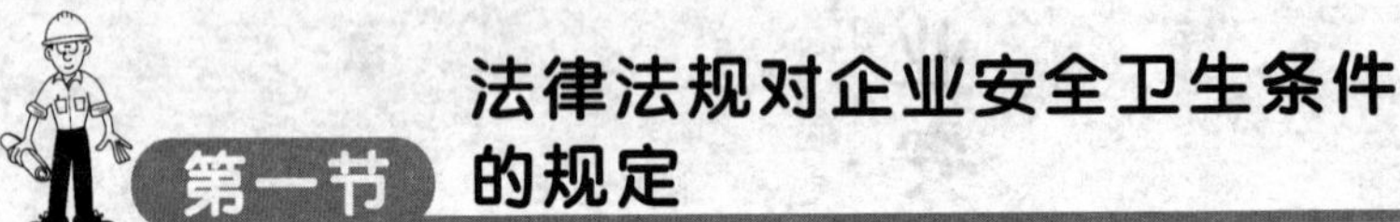

第一节 法律法规对企业安全卫生条件的规定

一、企业安全生产保障

用人单位是生产经营的主体，也是搞好安全生产、保障职工安全健康的关键。《劳动法》、《安全生产法》等法律法规对用人单位应具备的安全生产条件和安全生产保障作了明确的规定。《劳动法》第六章中明确规定，用人单位必须建立、健全劳动安全卫生制度，严格执行国家劳动安全卫生规程和标准，对劳动者进行劳动安全卫生教育，防止劳动过程中的事故，减少职业危害；用人单位必须为劳动者提供符合国家规定的劳动安全卫生条件和必要的劳动防护用品。《安全生产法》明确规定："生产经营单位应当具备本法和有关法律、行政法规和国家标准或者行业标准规定的安全生产条件；不具备安全生产条件的，不得从事生产经营活动"，并从组织建设、基础工作和管理要求三个方面对生产经营单位的安全生产保障作了具体的规定。

（一）安全生产的组织保障

生产经营单位的安全生产的组织保障主要是从安全生产管理机

构的设置、安全生产管理人员的配备、主要负责人和安全生产管理人员的资质要求以及各类从业人员的安全教育培训等方面对生产经营活动提供安全保障。

1. 安全生产管理机构和安全管理人员的配置

安全生产管理机构是指生产经营单位专门负责安全生产监督管理的内设机构，其工作人员都是专职安全生产管理人员。安全生产管理机构的职责是落实国家有关安全生产法律法规，组织生产经营单位内部各种安全检查活动，及时整改各种事故隐患，监督安全生产责任制的落实等。安全生产管理机构是生产经营单位安全生产的重要组织保障，每个生产经营单位都应该设立安全生产管理机构。但实际工作中，某些生产经营单位的规模较小，还有些生产经营单位生产过程中危险性较小，对于这样的生产经营单位，可以不设立专职安全生产管理机构，由专职或兼职安全生产管理人员负责安全生产工作。因此，是否设立安全生产管理机构，应当根据生产经营单位危险性的大小、从业人员的多少、生产经营规模的大小等因素确定，《安全生产法》对此作了具体的规定。

（1）应当配置安全生产管理机构和专职安全生产管理人员的生产经营单位。生产经营过程中容易发生重、特大事故的生产经营单位，必须配置安全生产管理机构或者专职安全生产管理人员。《安全生产法》第十九条第一款规定：“矿山、建筑施工和危险物品生产、经营、储存单位，应当设置安全生产管理机构或者配备专职安全生产管理人员。”此条款中关于“配备专职安全生产管理人员”的规定，是针对那些生产经营规模小、无法设置专门安全生产管理机构的生产经营单位而言的。

（2）按照从业人员数量配置安全生产管理机构和专职安全生产管理人员的生产经营单位。《安全生产法》对此做出两项规定：

① 强制性规定，即除矿山、建筑施工和危险物品生产、经营、储存单位以外的其他生产经营单位，其从业人员超过 300 人的，应当设置安全生产管理机构和配备专职安全生产管理人员。

② 选择性规定，即从业人员在 300 人以下的生产经营单位，

可以不设立安全生产管理机构，但应当配备专职或兼职的安全生产管理人员，或者委托具有国家规定的相关专业技术资格的工程技术人员提供安全生产管理服务。

2. 对主要负责人和安全生产管理人员的要求

（1）基本要求。生产经营单位主要负责人是安全生产工作的第一责任人，对本单位安全生产工作全面负责；安全生产管理人员是生产经营单位负责安全生产管理的人员，是主要负责人在安全生产工作中的参谋和助手，是国家有关安全生产法律、法规、方针、政策的贯彻执行者及本单位规章制度的具体落实者。生产经营单位的主要负责人和安全生产管理人员是生产经营单位搞好安全生产工作的关键，他们必须具备与本单位所从事的生产经营活动相应的安全生产知识和管理能力。

（2）任职资格要求。危险物品的生产、经营、储存单位以及矿山、建筑施工单位的主要负责人和安全生产管理人员，应当由有关主管部门对其安全生产知识和管理能力进行考核，取得安全生产资格证后方可任职。危险物品的生产、经营、储存单位和非煤矿山的主要负责人和安全生产管理人员由各级安全生产监督管理部门负责考核发证；煤矿的主要负责人和安全生产管理人员由各级煤矿安全监察机关负责考核发证；建筑施工单位的主要负责人和安全生产管理人员由各级建设行政主管部门负责考核发证。考核内容一般包括：①有关安全生产的法律、法规及本行业有关的规章、规程、规范和标准；②有关本行业的安全生产知识、安全管理知识和能力；③事故应急救援和调查处理的知识；④安全生产责任制；⑤其他应该具备的知识和能力。

3. 对从业人员的培训要求

生产经营单位的从业人员是生产经营活动的具体承担者，其素质的高低直接影响到本单位的安全生产。而提高从业人员安全素质的重要措施，就是加强对从业人员的安全培训和教育。

《安全生产法》第二十一条规定：“生产经营单位应当对从业人员进行安全教育和培训，保证从业人员具备必要的安全生产知识，

熟悉有关的安全生产规章制度和安全操作规程，掌握本岗位的安全操作技能。未经安全生产教育和培训合格的从业人员，不得上岗作业。”通过安全教育和培训，从业人员应达到以下要求：

(1) 具备必要的安全生产知识。这是安全教育和培训所要达到的最基本的要求，主要包括：了解有关安全生产法律、法规；了解和掌握生产经营过程中的有关安全知识和技能；掌握事故应急救援和逃生的知识和技能。

(2) 熟悉有关安全生产规章制度和操作规程。通过安全教育和培训，从业人员不仅要熟悉有关的规章制度和操作规程，而且要逐渐养成自觉遵章守纪、按章操作的习惯。

(3) 掌握本岗位的安全操作技能。从业人员对本岗位安全操作的技术和能力，必须符合安全生产的要求，达到“应知”、“应会”的要求。这是检验生产经营单位安全教育和培训质量与效果的主要标准。

(二) 安全生产的基础保障

生产经营单位的安全生产基础保障主要是从安全投入、建设项目的“三同时”、建设项目的安全条件评价、劳动防护用品管理等安全生产基础工作出发，对生产经营活动提供安全保障。

1. 安全投入

安全投入是使生产经营单位具备安全生产条件的重要保证。生产经营单位必须安排适当资金，用于改善安全设施，更新安全技术装备、器材、仪器、仪表，提供劳动防护用品，开展安全教育培训，以保证生产条件达到法律、法规、标准的要求。《安全生产法》第十八条规定：“生产经营单位应当具备安全生产条件所必需的资金投入，由生产经营单位的决策机构、主要负责人或者个人经营的投资人予以保证，并对由于安全生产所必需的资金投入不足导致的后果承担责任。”

2. 建设项目“三同时”的规定

建设项目的“三同时”是指新建、改建、扩建工程项目中的劳

动安全卫生设施必须符合国家规定的标准，必须与主体工程同时设计、同时施工、同时投入生产和使用。即与建设项目配套的劳动安全卫生设施，从项目的可行性研究、设计、施工、试生产、竣工验收到投产使用等各个阶段均应同项目同步进行建设。

建设项目的“三同时”是生产经营单位安全生产的一项“事前预防”的保障措施，可确保建设项目竣工投产后符合国家规定的劳动安全卫生标准，从源头上保障劳动者在生产过程中的安全与健康。因此，生产经营单位应将劳动安全卫生设施的投资纳入建设项目概算，将这项根本性的基础工作做好。

3. 建设项目的安全评价

建设项目的安全评价是指运用定量或定性的方法，对建设项目存在的危险有害因素进行识别、分析和评估，包括安全预评价（项目设立安全评价）、安全验收评价、安全现状评价和安全专项评价。通过安全评价可以确定建设项目的风险严重程度发生事故的可能性，以及可能造成的损失，从而有针对性地采取防范措施，提高建设项目的安全可靠性。

矿山、危险物品建设项目不同于其他生产经营建设项目，具有更大的危险性，对其应有更高的要求。《安全生产法》第二十五条规定：“矿山建设项目和用于生产、储存危险物品的建设项目，应当分别按照国家有关规定进行安全条件论证和安全评价。”《危险化学品安全管理条例》规定：“生产、储存、使用剧毒化学品的单位，应当对本单位的生产、储存装置每年进行一次安全评价；生产、储存、使用其他危险化学品的单位，应当对本单位的生产、储存装置每两年进行一次安全评价。”通过对矿山建设项目和用于生产、储存危险物品的建设项目进行安全评价，可保证建设项目正常投入生产或者保证使用后的安全、可靠，从而达到保障生产经营单位安全

生产的目的。

4. 劳动防护用品管理

劳动防护用品是指由生产经营单位为从业人员配备的、使其在劳动过程中免遭或者减轻事故伤害及职业危害的个人防护装备。劳动防护用品是保障从业人员人身安全与健康的最后一道屏障。当劳动安全卫生技术措施尚不能消除生产劳动过程中的危险有害因素，达不到国家标准、行业标准及有关规定，也暂时无法进行技术改造时，使用劳动防护用品就成为既能完成劳动生产任务，又能保障劳动者安全健康的唯一手段。

《安全生产法》第三十七条规定："生产经营单位必须为从业人员提供符合国家标准或者行业标准的劳动防护用品，并监督、教育从业人员按照使用规则佩戴、使用。"这一条款从两个方面对劳动防护用品的发放作了规定。

(1) 生产经营单位必须为从业人员免费提供符合国家标准或者行业标准的劳动防护用品，不得提供不符合标准的劳动防护用品，也不得以货币或者其他物品代替应当配备的劳动防护用品。

(2) 生产经营单位要加强劳动防护用品使用的教育和培训，监督、教育从业人员按照劳动防护用品的使用规则和防护要求正确佩戴、使用劳动防护用品。

(三) 安全生产的管理保障

生产经营单位的安全生产管理保障主要是从安全设备管理、化学物品管理、重大危险源管理、作业现场管理等方面对生产经营活动提供安全保障。

1. 对安全设备的管理

生产经营单位一般拥有很多安全设备，为保证这些设备的安全使用，《安全生产法》第二十九条、第三十条从三个方面做出了具体规定。

(1) 基本要求。《安全生产法》第二十九条规定："安全设备的设计、制造、安装、使用、检测、维修、改造和报废，应当符合国家标准或者行业标准。”

（2）使用要求。《安全生产法》第二十九条规定：“生产经营单位必须对安全设备经常进行维护、保养，并定期检测，保证正常运转。”由于安全设备不同于一般设备，专业性较强，因此，生产经营单位应当安排有工作经验和专业技能的专门人员，负责对安全设备进行定期维护和检测。维护、保养、检测要做好记录，并由有关人员签字。

（3）检验要求。生产经营单位使用的涉及生命安全、危险性较大的特种设备，以及危险物品的容器、运输工具，必须按照国家有关规定，由专业生产单位生产，并经取得专业资质的检测、检验机构检测，检测合格，取得安全使用证或者安全标志后，方可投入使用。

2. 对危险物品的管理

危险物品是指危及人身安全和财产安全的物品，主要包括易燃易爆物品、危险化学品、放射性物品等。危险物品是引发重大、特大事故的重要因素。加强对危险物品的日常管理和重点监控，是落实预防为主的重要措施。

（1）生产经营单位生产、经营、运输、储存、使用危险物品或者处置废弃危险物品时，必须执行有关法律、法规和国家标准或者行业标准，建立专门的安全管理制度，采取可靠的安全措施，接受有关主管部门依法实施的监督管理。

（2）危险物品的生产、经营、运输、储存、使用单位以及处置废弃危险物品的单位，由有关主管部门依照有关法律、法规的规定

和国家标准或者行业标准进行审批并实施监督管理。

（3）生产、经营、储存、使用危险物品的车间、商店、仓库不得与员工在同一座建筑物内，并应当与员工宿舍保持安全距离。

3. 对重大危险源的管理

重大危险源是指长期或临时地生产、搬运、使用或者储存危险物品，且危险物品的数量等于或者超过临界量的单元（包括场所和设施）。重大危险源是造成生产安全事故的一个重要根源。为了加强对重大危险源的管理，《安全生产法》第三十三条规定："生产经营单位对重大危险源应当登记建档，进行定期检测、评估、监控，并制订应急预案，告知从业人员和相关人员在紧急情况下应当采取的应急措施。生产经营单位应当按照国家有关规定将本单位重大危险源及有关措施、应急措施报有关地方人民政府负责安全生产监督管理的部门和有关部门备案。"

4. 对作业现场的管理

（1）对爆破、吊装作业的安全管理。爆破、吊装等作业属于危险作业，对其作业现场必须进行严格的安全管理。《安全生产法》第三十五条规定："生产经营单位进行爆破、吊装等危险作业，应当安排专门人员进行现场安全管理，确保操作规程和安全措施的落实。"生产经营单位要制定严格的操作规程和周密的安全措施，现场人员要明确各自的分工和安全责任，各司其职，密切协作，保证万无一失。

（2）对交叉作业的安全管理。交叉作业常出现在一些规模较大的生产经营场所，两个以上不同生产经营单位在同一作业区域内交叉作业，常因职责不清、管理混乱，导致重大、特大事故的发生。因此，不同单位、不同工种的人员在同一作业区域内交叉作业时，必须明确各自的安全责任。《安全生产法》第四十条规定："两个以上生产经营单位在同一作业区域内进行生产经营活动，可能危及对方生产安全的，应当签订安全生产管理协议，明确各自的安全生产管理职责和应当采取的安全措施，并指定专职安全生产管理人员进行安全检查与协调。"这里要明确两点：一是生产经营单位之间应当签订安全生产管理协议，载明安全管理措施。所签订的协议必须是书面的，并由双方负责人确认。当某一事项双方都有安全生产管理职责时，必须明确哪一方主要负责，而另一方给予配合。二是必须指定专职的安全生产管理人员进行现场安全检查与协调，及时发现作业中的安全问题，并解决不同生产经营单位之间的协调配合问题。

（3）对安全警示标志的管理。在有危险因素的作业场所和生产设施、设备上，设置以图形、符号、文字、色彩表示的安全警示标志，以提醒从业人员注意危险，防止出现不安全行为。这是一项保障从业人员安全生产的有效措施。《安全生产法》第二十八条规定："生产经营单位应当在较大危险因素的生产经营场所和有关设施、设备上，设置明显的安全警示标志。"

（4）现场安全管理的规定。加强现场管理，强化安全检查对搞好安全生产工作十分重要。《安全生产法》第三十八条规定："生产经营单位管理人员应当根据本单位的生产经营特点，对安全生产状况进行经常性检查；对检查中发现的安全问题，应当立即处理；不能处理的，应当及时报告本单位有关负责人。检查及处理情况应当记录在案。"

二、企业职业卫生保障

职业活动是以用人单位为基础组织的，劳动者是职业活动中最积极、最活跃的因素，同时也是职业危害最直接、最严重的受害者。为劳动者提供符合职业卫生标准的作业环境、消除和减小职业危害、保障劳动者在生产劳动中的健康，是用人单位的义务和责任。《职业病防治法》第四条规定："用人单位应当为劳动者创造符合国家职业卫生标准和卫生要求的工作环境和条件，并采取措施保障劳动者获得职业卫生保护。"依据法律规定，用人单位应在职业病危害发生的前期做好预防工作，在劳动过程中做好防护工作，在职业病危害发生后做好诊疗和康复工作。

（一）职业病的前期预防

1. 对工作场所的要求

用人单位提供符合职业卫生标准的工作场所是保障劳动者职业健康的最有力的措施，是防治职业病的基础环节，这一环节做得好，就可以最大限度地消除或者减少劳动者受到职业病危害因素的侵害。为此，《职业病防治法》第十三条规定，产生职业病危害的用人单位的设立除应当符合法律、行政法规规定的设立条件外，其工作场所还应当符合下列职业卫生要求：

① 职业病危害因素的强度或者浓度符合国家职业卫生标准；

② 有与职业病危害防护相适应的设施；

③ 生产布局合理，符合有害与无害作业分开的原则；

④ 有配套的更衣间、沐浴间、孕妇休息间等卫生设施；

⑤ 设备、工具、用具等设施符合保护劳动者生理、心理健康的要求；

⑥ 法律、行政法规和国务院卫生行政部门有关保护劳动者健康的其他要求。

2. 职业病危害项目申报

职业病危害项目申报制度是职业病防治中确立的一项重要制度。《职业病防治法》第十四条规定："在卫生行政部门中建立职业病危害项目的申报制度。用人单位设有依法公布的职业病目录所列的危害项目的，应当及时、如实向卫生行政部门申报，接受监督。"

（1）职业病危害项目申报要求。职业病危害项目是指存在或者产生职业病危害因素的项目，职业病危害因素按照卫生部发布的《职业病危害因素分类目录》确定。存在或者产生职业病危害项目的用人单位，应当按照有关法律、法规的要求，申报职业病危害项目。

《职业病危害项目申报管理办法》规定，用人单位的新建、改建、扩建、技术改造、技术引进项目，应当在竣工验收之日起30日内申报职业病危害项目；用人单位申报后，因采用的生产技术、工艺、材料等变更导致所申报的职业病危害因素及其相关内容发生改变的，应当在变更后 30 日内向原申报机关申报变更内容；用人单位终止生产经营时，应当向原申报机关办理申报注销手续。

（2）职业病危害项目申报内容。

① 用人单位的基本情况；

② 工作场所职业病危害因素种类、浓度或强度；

③ 产生职业病危害因素的生产技术、工艺和材料；

④ 职业病危害防护设施、应急救援设施。

（3）职业病危害项目申报程序。

① 用人单位向所在地县级卫生行政部门申报职业病危害项目；

② 卫生行政部门受理申报，并根据需要进行现场核实；

③ 卫生行政部门在收到申报材料后 5 个工作日之内，出具《职业病危害项目申报回执》。

3. 职业病危害评价

职业病危害评价制度是预防和控制职业病的一项基础工作和重要手段，其作用是从源头上控制职业病危害，改善作业环境。《职业病防治法》第十五条规定，新建、扩建、改建建设项目和技术改造、技术引进项目可能产生职业病危害的，建设单位在可行性论证阶段应当向卫生行政部门提交职业病危害预评价报告。职业病危害预评价报告应当对建设项目可能产生的职业危害因素及其对工作场所和劳动者健康的影响做出评价，确定危害类别和职业病防护措施。未提交预评价报告或者预评价报告未经卫生行政部门审核同意的，有关部门不得批准该建设项目。《职业病防治法》第十六条规定，建设项目在竣工验收前，建设单位应当进行职业病危害控制效果评价。

4. 职业病防护设施的“三同时”

建设项目的职业病防护设施所需费用应当纳入建设项目工程预算，并与主体工程同时设计、同时施工、同时投入生产和使用。职业病危害严重的建设项目的防护设施设计，应当经卫生行政部门进行卫生审查，符合国家职业卫生标准和卫生要求的，方可施工。建设项目竣工验收时，其职业病防护设施经卫生行政部门验收合格

后，方可正式投入生产和使用。

(二) 劳动过程中的防护与管理

1. 制定防治管理措施

《职业病防治法》第十九条规定，用人单位应当采取下列职业病防治管理措施：

① 设置或者指定职业卫生管理机构或者组织，配备专职或者兼职的职业卫生专业人员，负责本单位的职业病防治工作；

② 制订职业病防治计划和实施方案；

③ 建立健全职业卫生管理制度和操作规程；

④ 建立健全职业卫生档案和劳动者健康监护档案；

⑤ 建立健全工作场所职业病危害因素监测和评价制度；

⑥ 建立健全职业病危害事故应急救援预案。

2. 采取防护应急措施

(1) 职业病危害防护。用人单位应当优先采用有利于防治职业病和保护劳动者健康的新技术、新工艺、新材料，逐步替代职业病危害严重的技术、工艺、材料；用人单位必须采用有效的职业病防护设施，并为劳动者提供个人使用的、符合防治职业病要求的防护用品。

(2) 职业病危害公告和警示。用人单位特别是从事矿山、危险物品生产经营的单位，往往存在着一些对劳动者生命和健康造成危害的因素，如粉尘、有毒有害物质以及放射性、腐蚀性原材料、产品等。直接接触这些危害因素的劳动者往往是职业病危害的直接受害者。如果劳动者了解工作场所和作业岗位存在的危害因素，掌握基本的职业病防治知识和职业病危害事故应急方法，就可减少职业病危害造成的损失。因此，用人单位应当采取适当的方法向劳动者告知职业病危害防治措施及应急救治措施。《职业病防治法》对此作了具体的规定：

① 产生职业病危害的用人单位，应当在醒目位置设置公告栏，公布有关职业病防治的规章制度、操作规程、职业病危害事故应急

救援措施和工作场所职业病危害因素检测结果。对产生严重职业病危害的作业岗位，应当在其醒目位置，设置警示标识和中文警示说明。警示说明应当载明产生职业病危害的种类、后果、预防以及应急救治措施等内容。

② 向用人单位提供可能产生职业病危害的设备时，应当提供中文说明书，并在设备的醒目位置设置警示标识和中文警示说明。警示说明应当载明设备性能、可能产生的职业病危害、安全操作和维护注意事项、职业病防护以及应急救治措施等内容。

③ 向用人单位提供可能产生职业病危害的化学品、放射性同位素和含有放射性物质的材料时，应当提供中文说明书。说明书应当载明产品特性、主要成分、存在的有害因素、可能产生的危害后果、安全使用注意事项、职业病防护以及应急救治措施等内容。产品包装应当有醒目的警示标识和中文警示说明。储存上述材料的场所应当在规定的部位设置危险物品标识或者放射性警示标识。

(3) 职业病危害监测治理。《职业病防治法》第二十四条规定，用人单位应当实施由专人负责的职业病危害因素日常监测，并确保监测系统处于正常运行状态。用人单位应当按照国务院卫生行政部门的规定，定期对工作场所进行职业病危害因素检测、评价。检测、评价结果存入用人单位职业卫生档案，定期向所在地卫生行政部门报告并向劳动者公布。发现工作场所职业病危害因素不符合国家职业卫生标准和卫生要求时，用人单位应当立即采取相应治理措施，仍然达不到国家职业卫生标准和卫生要求的，必须停止存在职业病危害因素的作业；职业病危害因素经治理后，符合国家职业卫生标准和卫生要求的，方可重新作业。

(4) 职业病危害事故应急救治。《职业病防治法》对职业病危害事故的应急救治作了如下的规定：

① 对可能发生急性职业损伤的有毒、有害工作场所，用人单位应当设置报警装置，配置现场急救用品、冲洗设备、应急撤离通道和必要的泄险区。

② 对职业病防护设备、应急救援设施和个人使用的职业病防

护用品，用人单位应当进行经常性的维护、检修，定期检测其性能和效果，确保其处于正常状态，不得擅自拆除或者停止使用。

③ 发生或者可能发生急性职业病危害事故时，用人单位应当立即采取应急救援和控制措施，并及时报告所在地卫生行政部门和有关部门。卫生行政部门接到报告后，应当及时会同有关部门组织调查处理；必要时，可以采取临时控制措施。对遭受或者可能遭受急性职业病危害的劳动者，用人单位应当及时组织救治、进行健康检查和医学观察，所需费用由用人单位承担。

3. 实施职业健康监护

（1）职业健康检查。《职业病防治法》第三十二条规定，对从事接触职业病危害作业的劳动者，用人单位应当按照国务院卫生行政部门的规定组织上岗前、在岗期间和离岗时的职业健康检查，并将检查结果如实告知劳动者。职业健康检查费用由用人单位承担。用人单位不得安排未经上岗前职业健康检查的劳动者从事接触职业病危害的作业；不得安排有职业禁忌的劳动者从事其所禁忌的作业；对在职业健康检查中发现有与所从事的职业相关的健康损害的劳动者，应当调离原工作岗位，并妥善安置；对未进行离岗前职业健康检查的劳动者不得解除或者终止与其订立的劳动合同。

（2）职业健康监护档案。《职业病防治法》第三十三条规定，用人单位应当为劳动者建立职业健康监护档案，并按照规定的期限妥善保存。职业健康监护档案应当包括劳动者的职业史、职业病危害接触史、职业健康检查结果和职业病诊疗等有关个人健康资料。劳动者离开用人单位时，有权索取本人职业健康监护档案复印件，用人单位应当如实、无偿提供，并在所提供的复印件上签章。

4. 签订合同开展培训

（1）订立劳动合同。《职业病防治法》第三十条规定，用人单位与劳动者订立劳动合同时，应当将工作过程中可能产生的职业病危害及其后果、职业病防护措施和待遇等如实告知劳动者，并在劳动合同中写明，不得隐瞒或者欺骗。劳动者在已订立的劳动合同期间因工作岗位或者工作内容变更，从事与所订立劳动合同中未告知的存在职业病危害的作业时，用人单位应当依照前款规定，向劳动者履行如实告知的义务，并协商变更原劳动合同相关条款。用人单位违反前两款规定，劳动者有权拒绝从事存在职业病危害的作业，用人单位不得因此解除或者终止与劳动者所订立的劳动合同。

（2）开展职业卫生培训。《职业病防治法》第三十一条规定，用人单位的负责人应当接受职业卫生培训，遵守职业病防治法律、法规，依法组织本单位的职业病防治工作。用人单位应当对劳动者进行上岗前的职业卫生培训和在岗期间的定期职业卫生培训，普及职业卫生知识，督促劳动者遵守职业病防治法律、法规、规章和操作规程，指导劳动者正确使用职业病防护设备和个人使用的职业病防护用品。

（三）职业病病人保障

1. 职业病诊断

职业病诊断应当由省级以上人民政府卫生行政部门批准的医疗卫生机构承担。劳动者可以在用人单位所在地或者本人居住地依法承担职业病诊断的医疗卫生机构进行职业病诊断。职业病诊断时，应当综合分析病人的职业史和职业病危害接触史、作业现场危害调查与评价、病人临床表现以及辅助检查结果等因素。没有证据否定职业病危害因素与病人临床表现之间的必然联系的，在排除其他致病因素后，应当诊断为职业病。

承担职业病诊断的医疗机构在进行职业病诊断时，应当组织3名以上取得职业病诊断资格的执业医师集体诊断。诊断证明书应当由参与诊断的医师共同签署，并经承担职业病诊断的医疗卫生机构审核盖章。当事人对职业病诊断有异议时，可以向做出诊断的医疗机构所在地地方人民政府卫生行政部门申请鉴定。

2. 职业病病人保障

医疗卫生机构发现疑似职业病病人时，应当告知劳动者本人并及时通知用人单位。用人单位应当及时安排对疑似职业病病人进行诊断，在疑似职业病病人诊断或者医学观察期间，不得解除或者终

止与其订立的劳动合同。

职业病病人依法享受国家规定的职业病待遇。用人单位应当按照国家有关规定，安排职业病病人进行治疗、康复和定期检查；对不适宜继续从事原工作的职业病病人，应当调离原岗位，并妥善安置；对从事接触职业病危害作业的劳动者，应当给予适当岗位津贴。

职业病病人的诊疗、康复费用，伤残以及丧失劳动能力的职业病病人的社会保障，按照国家有关工伤社会保险的规定执行。职业病病人除依法享有工伤社会保险外，依照有关民事法律，尚有获得赔偿的权利的，有权向用人单位提出赔偿要求。职业病病人变动工作单位，其依法享有的待遇不变。用人单位发生分立、合并、解散、破产等情形的，应当对从事职业病危害作业的劳动者进行健康检查，并按照国家有关规定妥善安置职业病病人。

第二节 职工的劳动安全卫生权利与义务

一、职工享有的安全卫生权利

安全健康权利不是抽象的，它有具体的内容。《劳动法》、《安全生产法》和《职业病防治法》等法律，具体规定了职工享有的各项安全卫生权利。

（一）要求获得劳动安全卫生保护的权利

《劳动法》第三条规定：劳动者享有“获得劳动安全卫生保护的权利”。应当指出，劳动者享有的安全卫生权利必须在劳动合同中体现出来。劳动合同是劳动者与用人单位确立劳动关系、明确双方权利和义务的协议，是双方建立劳动关系、确定劳动关系内容的凭证和依据。从劳动者的角度来看，也可以说是保障其合法权益的"护身符"。职工为了保障自己的合法权益，在与用人单位建立劳动关系的时候应当签订劳动合同。为此，《劳动法》规定："建立劳动关系应当订立劳动合同"。"劳动合同应当以书面形式订立，并具备以下条款：……（三）劳动保护和劳动条件；……"。显然，"劳动保护和劳动条件"是劳动合同的必要内容。

《安全生产法》和《职业病防治法》从保护职工的职业安全健康，维护职工安全健康合法权益的角度，具体规定了劳动合同中一定要载明保障职工劳动安全卫生和办理工伤保险两项法定事项。《安全生产法》第四十四条规定，生产经营单位与职工订立的劳动合同，应当载明有关保障职工劳动安全、防止职业危害的事项，以及依法为职工办理工伤社会保险的事项。生产经营单位不得以任何形式与职工订立协议，免除或者减轻其对职工因生产安全事故伤亡依法应承担的责任。《职业病防治法》第三十条规定，用人单位与劳动者订立劳动合同时，应当将工作过程中可能产生的职业病危害及其后果、职业病防护措施和待遇等如实告知劳动者，并在劳动合同中写明，不得隐瞒或者欺骗。劳动者在已订立劳动合同期间因工作岗位或者工作内容变更，从事与所订立劳动合同中未告知的存在职业病危害的作业时，用人单位应当依照前款规定，向劳动者履行如实告知的义务，并协商变更原劳动合同相关条款。

（二）对危险因素和应急措施知情的权利

1. 告知方式

《安全生产法》第四十五条规定："生产经营单位的职工有权了解其作业场所和工作岗位存在的危险因素、防范措施及事故应急措施，有权对本单位的安全生产工作提出建议。"《职业病防治法》第三十六条第（三）款规定：劳动者享有"了解工作场所产生或者可能产生的职业病危害因素、危害后果和应当采取的职业病防护措施"的权利。

有关危险因素、防范措施及事故应急措施等可通过签订劳动合同来告知从业人员。如前所说，在劳动合同中，用人单位应当将工作场所存在的危害因素及其防范措施、应配备的劳动防护用品和应采取的事故应急救援措施等，如实告知职工，不得隐瞒或者欺骗。

此外，用人单位还应当采取其他措施履行告知的责任：

（1）通过在醒目的位置设置公告栏等方式，公布有关劳动安全卫生规章制度、安全操作规程、劳动安全事故应急救援措施、职业危害因素检测结果等。

（2）对职业危害较为严重的岗位和作业点，应当在醒目位置设置警示标志并附有警示说明。警示说明应当载明职业危害因素的种类、后果、预防以及应急救援措施等内容。

（3）用人单位提供给职工使用的机器、设备、材料等，如果可能产生职业危害，应当同时向职工提供使用说明书或者安全操作规程。

2. 告知内容

职工有权了解的情况主要包括以下两个方面：

（1）作业场所和作业岗位存在的或可能产生的危害因素。主要包括：易燃易爆、有毒有害、噪声振动、辐射性物质等危险物品及其可能对人体造成的危害后果；机械、电气设备运转时存在的危险因素以及对人体可能造成的危害后果等。职工了解这些危险因素及其危害后果，对于他们提高防范意识十分必要。用人单位应当如实告知，不得隐瞒或者欺骗。

（2）对危害因素的防范措施和事故应急措施。对危害因素的防范措施是指为了防止、避免危害因素对职工的安全和健康造成伤害，从技术上、操作上和个体防护上所采取的措施。事故应急救援措施是指用人单位根据本单位实际情况，针对可能发生事故的类别、性质、特点和范围而制定的，一旦事故发生时，所应当采取的组织、技术措施和报警、急救、逃生等应急救援措施。职工了解这些内容，可有效地预防事故的发生，可将事故损失降低到最小程度，也可更好地进行自我保护。

法律明确规定了职工享有了解其作业场所和工作岗位安全卫生状况和应急救援措施的权利，即知情权。这一权利对保护职工自身的安全和健康极为重要，也是职工行使民主参与权的前提条件。用人单位是保证职工知情权的责任方，如果用人单位没有履行告知的责任，职工有权拒绝工作，用人单位对由此产生的后果承担相应的法律责任。

（三）民主管理、民主监督的权利

《安全生产法》第七条规定："工会依法组织职工参加本单位安全生产工作的民主管理和民主监督，维护职工在安全生产方面的合法权益。"《职业病防治法》第三十六条第（七）款规定：劳动者享有"参与用人单位职业卫生工作的民主管理，对职业病防治工作提出意见和建议"的权利。

劳动者是生产安全事故和职业病危害的直接受害者，他们处在生产劳动的第一线，最了解哪里有事故隐患，哪里有职业危害因素，所以他们对安全生产工作和职业病防治工作最有发言权；同时，劳动者往往也具有解决问题的智慧和技能，能够提出合理、可行的建议。因此，通过劳动者的参与、建议和监督，可以使决策者的决策更加科学、合理。

（四）接受教育培训的权利

《劳动法》第三条规定：劳动者享有"接受职业技能培训的权利……"；《安全生产法》第五十条规定："职工应当接受安全生产教育和培训，掌握本职工作所需的安全生产知识，提高安全生产技能，增强事故预防和应急处理能力。"《职业病防治法》第三十六条第（一）款规定：劳动者享有"获得职业卫生教育、培训"的权利。

生产作业过程的复杂性和危险性，决定了职工接受安全生产和职业卫生教育培训的必要性。因此，法律赋予了职工享有接受教育培训、享有保护自己和他人的安全健康所必需的知识与技能的权

利。这项权利也是保证职工知情权和参与权的前提条件。

职工必须具备的职业安全卫生知识和技能主要包括：

(1) 了解有关职业安全卫生法律、法规和标准，增强法治意识，特别是增强维权意识；

(2) 掌握与本职工作有关的工作环境、生产过程、机械设备及危险物质等方面的安全生产和职业病防治的基本知识和技能；

(3) 掌握符合安全生产和职业病防治要求的操作规程；

(4) 学会正确佩戴和使用个人防护用品；

(5) 掌握可能发生事故的应急处理措施和救援逃生方法。

(五) 获得职业病防治服务的权利

《职业病防治法》第三十六条第（二）款规定：劳动者享有“获得职业健康检查、职业病诊疗、康复等职业病防治服务”的权利。

从事接触职业病危害因素、可能导致职业病发生的生产作业的劳动者，法律规定其享有获得职业健康检查并了解检查结果的权利。职业健康检查应当根据劳动者所接触的职业病危害因素类别，按卫生行政部门颁布的《职业健康检查项目及周期》的规定确定检查项目和检查周期。需复查时，可根据复查要求相应增加检查项目。健康检查机构应当自检查工作结束之日起30日内，将检查结果书面告知用人单位。用人单位应当及时将检查结果如实告知劳动者。发现健康损害或者需要复查的，健康检查机构除及时通知用人单位外，还应当及时告知劳动者本人。

被诊断为患有职业病的劳动者，有依法享受国家规定的职业病待遇，接受治疗、康复和定期检查的权利。对不适宜继续从事原工作的职业病病人，用人单位应当将其调离原岗位，并妥善安置。用人单位对从事接触职业病危害作业的劳动者，应当给予岗位津贴。

职业病病人的诊疗、康复费用，伤残以及丧失劳动能力的职业病病人的社会保障，按照国家有关工伤社会保险的规定执行。

（六）拒绝违章指挥、强令冒险作业的权利

《劳动法》第五十六条规定，劳动者对用人单位管理人员违章指挥、强令冒险作业，有权拒绝执行；《安全生产法》第四十六条规定：职工有权拒绝违章指挥和强令冒险作业。用人单位不得因职工拒绝违章指挥、强令冒险作业而降低其工资、福利待遇或者解除与其订立的劳动合同。《职业病防治法》第三十六条第（六）款规定，劳动者享有拒绝违章指挥和强令进行没有职业病防护措施的作业的权利。

违章指挥、强令冒险作业是指用人单位的负责人、管理人员或者工程技术人员违反规章、制度和操作规程，或者在明知存在危险、有害因素又没有采取相应的防护措施，开始或继续作业会危及操作人员生命安全健康的情况下，忽视操作人员的安危，不顾操作人员的要求，强迫、命令其进行生产作业。这种行为会对操作人员的生命安全和身体健康构成严重威胁，是导致伤亡事故、造成人员伤亡的直接原因。因此，法律赋予职工拒绝违章指挥和强令冒险作业的权利，不仅是为了保护职工的人身安全，也是为了警示用人单位负责人和管理人员必须照章指挥，保证安全。

（七）紧急情况下停止作业或撤离的权利（紧急避险权）

《安全生产法》第四十七条规定："职工发现直接危及人身安全的紧急情况时，有权停止作业或者在采取可能的应急措施后撤离作业场所。生产经营单位不得因职工在前款紧急情况下停止作业或者采取紧急撤离措施而降低其工资、福利等待遇或者解除与其订立的劳动合同。"这项权利突出体现了"以人为本"的理念。

生产作业过程中，由于自然和人为危险因素的存在，不可避免地会出现一些意外的危及职工人身安全的危险情况，将会或者可能会对职工造成人身伤害。例如煤矿出现的透水、冒顶、片帮等情

况，建筑施工中出现的坍塌、坠落等情况，危险化学品生产中出现的毒气泄漏外溢、火灾、爆炸等情况。此时如果作业人员不停止生产作业，紧急撤离作业现场，将会严重威胁他们的生命安全，造成重大伤亡事故。因此，法律赋予职工享有停止作业和紧急撤离的权利，目的是最大限度地保护现场作业人员的生命安全。用人单位不得因此做出对职工不利的处理。

职工在行使这项权利时，应当注意以下四个问题：

（1）危及职工安全的紧急情况必须有确实可靠的事实根据，凭借个人猜测或者误判而实际并没有构成对人身安全的威胁，这种情况下不可贸然停止生产作业。

（2）紧急情况必须是直接危及人身安全的情况，间接或者可能危及人身安全的状况下，不应撤离作业现场，而应积极采取有效的处理措施。

（3）出现危及人身安全的紧急情况时，首先是停止作业，然后要采取可能的应急措施，采取应急措施无效时，再撤离作业现场。

（4）该项权利不适用于某些从事特殊职业的职工，例如船舶驾驶人员、车辆驾驶人员等，根据有关法律、国际公约和职业惯例，在发生危及人身安全的紧急情况时，这些岗位的职工不能或者不能先行撤离岗位或者操作场所。

（八）享有工伤保险和要求民事赔偿的权利

根据国际上各国认同的“无过错（过失）赔偿”原则，法律规定了职工享有工伤保险和伤亡赔偿的权利。只要依法确认职工为工伤，无论责任在谁，都由用人单位负责赔偿和补偿（实行工伤社会保险方式的，由用人单位缴纳保险费）。《安全生产法》第四十三条规定：“生产经营单位必须依法参加工伤社会保险，为职工缴纳保险费。”第四十八条规定：“因生产安全事故受到损害的职工，除依法享有工伤社会保险外，依照有关民事法律尚有获得赔偿的权利的，有权向本单位提出赔偿要求。”《职业病防治法》第五十二条规定，“职业病病人除依法享有工伤社会保险外，依照有关民事法律，尚有获得赔偿权利的，有权向用人单位提出赔偿要求。”法律赋予了职工享有工伤保险和获得伤亡赔偿的权利，职工在行使这项权利时应当明确以下四个问题。

（1）法律规定的这项权利必须以劳动合同必要条款的书面形式加以确认。用人单位在劳动合同中没有依法载明有关保障职工劳动安全、防止职业危害的事项，或者免除、减轻其对职工因生产安全事故和职业病危害事故遭受伤害应承担的责任，是一种非法行为，应当承担相应的法律责任。

（2）用人单位为职工缴纳工伤社会保险费和给予民事赔偿是其法定的义务，用人单位不得以任何形式免除各项义务，不得变相以抵押金、担保金等名义强制职工缴纳工伤社会保险费。

（3）发生生产安全事故或职业病危害事故后，职工首先依照劳动合同和工伤社会保险合同的约定，享有相应的赔付金。如果工伤保险不足以补偿受害者的人身损害及经济损失，依照有关民事法律应当给予赔偿的，职工或其亲属有要求用人单位给予赔偿的权利，用人单位必须履行相应的赔偿义务。否则，受害者或其亲属有向人民法院提起诉讼和申请强制执行的权利。

（4）职工获得工伤社会保险赔付和民事赔偿的金额标准、领取和支付程序，必须符合法律、法规和国家有关规定。职工和用人单位均不得自行确定标准，不得非法提高或者降低标准。

（九）提请劳动争议处理的权利

当劳动者的劳动安全卫生权益受到侵害，或者与用人单位因劳动安全卫生问题发生纠纷时，有向有关部门提请劳动争议处理的权利。《劳动法》第三条规定，劳动者享有提请劳动争议处理的权利；第七十七条规定，用人单位与劳动者发生劳动争议，当事人可以依法申请调解、仲裁、提起诉讼，也可以协商解决。

劳动争议发生后，当事人可以向本单位劳动争议调解委员会申请调解；调解不成，当事人一方要求仲裁的，可以向劳动争议仲裁委员会申请仲裁。当事人一方也可以直接向劳动争议仲裁委员会申

请仲裁。对仲裁裁决不服的，可以向人民法院提起诉讼。解决劳动争议，应当根据合法、公正、及时处理的原则，依法维护劳动争议当事人的合法权益。

（十）批评、检举、控告的权利

职工是安全生产和职业病防治的主力军，他们对事故隐患和职业病危害情况最了解，对安全管理中的问题最清楚，能够提出一些合理的、切中要害的批评与建议，减少用人单位在安全生产和职业病防治工作中的失误。只有依靠他们并且赋予他们必要的安全生产监督权和建议权，才能充分发挥职工在安全生产和职业病防治方面的积极性、能动性，实现防患于未然。但一些用人单位的主要负责人，不重视职工的正确意见和建议，使本来可以发现、及时处理的安全卫生问题不断扩大，导致事故发生和人员伤亡；有的负责人竟然对批评、检举、控告用人单位安全生产问题的职工进行打击报复。对此，法律规定职工有权对用人单位违反劳动安全卫生法律、法规和标准或者不履行安全卫生保障责任的情况提出批评、检举和控告。

《劳动法》第五十六条规定：劳动者“对危害生命安全和身体健康的行为，有权提出批评、检举和控告。”《安全生产法》第四十六规定：“职工有权对本单位安全生产工作中存在的问题提出批评、检举、控告”，生产经营单位不得因此“而降低其工资、福利等待遇或者解除与其订立的劳动合同。”《职业病防治法》第三十六条第（五）款规定：劳动者享有“对违反职业病防治法律、法规以及危及生命健康的行为提出批评、检举和控告”的权利。

因此，用人单位主要负责人应当为职工充分行使这项权利提供机会，重视和尊重职工的批评和建议，并对他们的批评建议做出答复。同时，用人单位对职工提出的批评和建议应当区别对待，合理的应当采纳，不合理的应当给予解释，暂时不能解决的问题，应当加以说明。如果用人单位主要负责人不接受批评监督，职工有权向用人单位的上级主管部门、负有职业安全卫生监督管理职责的政府行政部门、监察机关以及工会组织等进行检举、控告，以便有关部门了解、掌握用人单位在安全生产和职业病防治工作中存在的问题，采取措施，制止和查处用人单位违反法律、法规的行为，防止生产安全事故和职业病危害事故的发生。

二、职工的职业安全卫生义务

法律在赋予职工权利的同时，也明确了相应的义务。职工在依法享有职业安全卫生权利的同时，也应当履行相应的法律义务和承担一定的法律责任。从另一个角度来说，职工履行自己的义务，也是为了保障自己和他人的安全和健康，实质上也是为了保障自己的安全健康权利。

1. 遵守规章制度和操作规程的义务

《劳动法》第三条规定，劳动者应当完成劳动任务，提高职业技能，执行劳动安全卫生规程，遵守劳动纪律和职业道德；第五十六条规定，劳动者在劳动过程中必须严格遵守安全操作规程。《安全生产法》第四十九条规定，职工在作业过程中，应当严格遵守本单位的安全生产规章制度和操作规程。《职业病防治法》第三十一条规定，劳动者应当遵守职业病防治法律、法规、规章和操作规程。

安全生产和职业病防治规章制度是用人单位依照国家法律、法

规、规章和标准要求，结合本单位的实际情况所制定的有关安全生产、职业病防治及劳动保护的具体规范。从这个意义上讲，遵守规章制度，实际上就是依法进行安全生产。由于规章制度是根据本单位实际情况而制定的，所以针对性和可操作性较强，对保障本单位的安全生产具有现实的意义。

操作规程是用人单位为保障生产安全、避免职业病危害，对具体操作技术和操作程序所制定的规程，是具体指导操作人员进行规范操作、标准作业的重要技术准则。操作规程是操作人员经验的总结，有些规定是经过血的教训，甚至是付出了生命的代价换来的，因此，它是使职工自己和他人免受伤害的护身法宝。职工不但自己必须严格遵守规章制度和操作规程，而且不允许任何人以任何借口违反它们。依照法律规定，职工违反安全生产和职业卫生规章制度和操作规程，用人单位对其进行批评教育，并依照有关规章制度对其给予处分；造成重大事故，构成犯罪的，依照刑法有关规定追究其刑事责任。

2. 服从管理的义务

《安全生产法》第四十九条规定，职工在作业过程中，应当严格遵守本单位的安全生产规章制度和操作规程，服从管理。

现代化生产系统性、关联性较强，影响安全生产的因素较多，需要统一的指挥和管理。为了保持良好的生产劳动秩序，用人单位的负责人和管理人员有权依照规章制度和操作规程进行安全管理，监督、检查职工遵章守规的情况。对于这样的管理，职工必须接受并服从。也就是说，职工应当服从符合规章制度和操作规程的、正确合理的管理，而对于管理人员的违章指挥、强令冒险作业，职工有权拒绝。

3. 正确佩戴和使用劳动防护用品的义务

《安全生产法》第四十九条规定，职工在作业过程中，应当正确佩戴和使用劳动防护用品。《职业病防治法》第三十一条规定，劳动者应当正确使用、维护职业病防护设备和个人使用的职业病防护用品。

为职工提供符合国家标准或者行业标准要求的劳动防护用品，并督促职工正确佩戴和使用，这是用人单位的责任，而正确佩戴和使用劳动防护用品则是职工必须履行的法定义务。尽管用人单位在生产劳动过程中采取了安全卫生防护措施，但由于条件限制，仍会存在一些不安全、不卫生的因素，对职工的安全与健康构成威胁。因此，个人防护用品就成为保护职工安全和健康的一道重要防线。但实践中，由于一些职工缺乏安全卫生知识和自我保护意识，不按规定佩戴或者不能正确佩戴和使用劳动防护用品，发生伤害事故后造成了不必要的伤亡。例如，从事高处作业的人员不按规定佩戴安全帽或安全带，高处坠落后造成严重伤害；操作砂轮机的人员不按规定佩戴防护眼镜，砂轮破碎飞出后造成眼睛伤害等。

不同的劳动防护用品具有不同的佩戴方法和使用要求，如果职工不按要求正确佩戴和使用，就不能充分发挥防护用品应有的作用。因此，职工在作业过程中必须按照劳动防护用品的使用规则和要求正确佩戴和使用。履行这项义务既是保护职工自身安全和健康的需要，也是实现安全生产、预防职业病的客观需要。

4. 掌握安全卫生知识和技能的义务

《安全生产法》第五十条规定：“职工应当接受安全生产教育和培训，掌握本职工作所需的安全生产知识，提高安全生产技能，增强事故预防和应急处理能力。”《职业病防治法》第三十一条规定：“劳动者应当学习和掌握相关的职业卫生知识”。

掌握安全卫生知识、提高操作技能和应急处理能力是职工的义务。生产经营活动的复杂性和多样性决定了安全卫生知识和安全操作技能的复杂性和多样性。特别是随着生产经营领域的不断扩大、高新技术装备的大量使用，更需要职工具备系统的安全卫生知识和熟练的安全操作技能，以及对不安全因素和事故隐患、突发事故的处理能力和经验。因此，为了预防伤亡事故和职业病危害事故，职工必须具备相关的知识与技能。

职工安全意识和安全素质的提高，必须通过必要的安全教育培训。因此，有关法律规定了用人单位对职工进行劳动安全卫生教育

培训的责任。同时，法律也规定了职工有义务提高自身的安全卫生素质，增强自我保护意识和遵章守纪的自觉性，提高操作技能和技术水平，为安全生产和职业病防治尽心尽力。

5. 对事故隐患和职业危害及时报告的义务

《安全生产法》第五十一条规定，职工发现事故隐患或者其他不安全因素，应当立即向现场安全生产管理人员或者本单位负责人报告；《职业病防治法》第三十一条规定，劳动者发现职业病危害事故隐患应当及时报告。

由于职工承担着具体的操作任务，处于生产劳动的第一线，是事故隐患和职业病危害因素的第一当事人，因此，他们更容易发现事故隐患和其他不安全、不卫生的因素。如果职工尽职尽责，及时发现并报告事故隐患和危害因素，使得这些安全卫生问题得到有效处理，就完全可以避免伤亡事故和职业病的发生。许多生产安全事故正是由于职工没有及时报告事故隐患和不安全因素，延误了采取措施进行紧急处理的时机，导致重大、特大事故的发生。因此，法律规定，职工一旦发现事故隐患和其他不安全因素，有义务立即向现场管理人员或者本单位负责人报告，不得隐瞒不报或者拖延报告，而且要求如实报告，既不能夸大事实，也不能大事化小。这对于用人单位及时采取必要的防范措施、消除事故隐患和职业危害，具有十分重要的意义。

报告事故隐患，重在及时，贵在及时。这就要求职工必须有高

度的责任心，防微杜渐，将事故苗头消灭在萌芽状态。当然，也包括事故发生后，职工及时向本单位负责人报告事故情况，以便采取应急措施，避免事故的扩大。

第三节　法律法规对危险化学品行业条件的规定

危险化学品所固有的易燃易爆、有毒有害的特性，致使事故发生后会对周边环境、其他无辜人员产生严重影响。作为生产职业安全领域的5个高危行业之一，相比其他行业有其特殊性，本身的行业事故甚至会成为公共安全事故，因此危险化学品行业的安全问题尤为重要。2004年1月9日国务院发布了《国务院关于进一步加强安全生产工作的决定》，对重点行业和领域集中开展了安全生产专项整治，落实和强化了危险化学品生产经营单位的安全生产主体责任，加强了安全生产监督管理，建立和完善了安全生产行政许可制度。

一、危险化学品行业的安全生产法律法规体系

目前，我国危险化学品安全管理法律法规已初步形成了一个以宪法为依据的，由有关法律、行政法规、地方性法规和有关行政规章、技术标准所组成的综合体系，见表2-1。此外，我国政府在1994年10月22日正式批准了国际劳工组织170号公约《工作场所安全使用化学品公约》。2002年1月9日，国务院第五十二次常务会议通过《危险化学品安全管理条例》，由国务院第344号令公布，自2002年3月15日起实施。条例共分七章74条，对危险化学品的生产、储存、使用，危险化学品的经营、运输，以及危险化学品的登记与事故应急救援等方面的问题做了具体的规定。

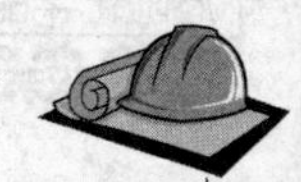

表 2-1　危险化学品安全管理法律法规体系

级　别	主要法律法规、标准
国家基本法	宪法
国际基本法	刑法；民法
劳动综合法	劳动法
安全生产基本法	安全生产法；职业病防治法
安全生产专门法	消防法；交通安全法
安全行政法规	危险化学品安全管理条例；易制毒化学品管理条例；使用有毒物品作业场所劳动保护条例；安全生产许可条例；特种设备安全监察条例；工伤保险条例
部门安全规章	危险化学品经营许可管理办法；危险化学品生产企业安全生产许可实施办法；危险化学品生产企业安全评价导则（试行）；危险化学品包装物、容器定点企业生产条件评价导则（试行）；道路危险货物运输管理规定；易燃易爆化学品消防安全监督管理办法
安全标准	危险货物品名表；建设设计防火规范；石油化工企业设计防火规范；常用危险化学品储存通则；重大危险源辨识；化学品安全技术说明书编写规定；化学品安全标签编写规定

二、危险化学品行业安全管理的主要法律法规内容介绍

（一）《危险化学品安全管理条例》

该条例对危险化学品的生产、经营、储存、运输、使用，危险化学品的经营、运输，以及危险化学品的登记与事故应急救援等方面的问题做了具体的规定。

1. 对危险化学品单位职责规定

第四条　危险化学品安全管理，应当坚持安全第一、预防为主、综合治理的方针，强化和落实企业的主体责任。生产、储存、使用、经营、运输危险化学品的单位（以下统称危险化学品单位）的主要负责人对本单位的危险化学品安全管理工作全面负责。危险化学品单位应当具备法律、行政法规规定和国家标准、行业标准要求的安全条件，建立、健全安全管理规章制度和岗位安全责任制度，对从业人员进行安全教育、法制教育和岗位技术培训。从业人员应当接受教育和培训，考核合格后上岗作业；对有资格要求的岗位，应当配备依法取得相应资格的人员。

2. 对危险化学品的生产、储存和使用的规定

第十一条　国家对危险化学品的生产、储存实行统筹规划、合理布局……。

第十二条　新建、改建、扩建生产、储存危险化学品的建设项目（以下简称建设项目），应当由安全生产监督管理部门进行安全条件审查。

第十三条　生产、储存危险化学品的单位，应当对其铺设的危险化学品管道设置明显标志，并对危险化学品管道定期检查、检测……。

第十四条　危险化学品生产企业进行生产前，应当依照《安全生产许可证条例》的规定，取得危险化学品安全生产许可证……。

第十五条　危险化学品生产企业应当提供与其生产的危险化学品相符的化学品安全技术说明书，并在危险化学品包装（包括外包装件）上粘贴或者拴挂与包装内危险化学品相符的化学品安全标签。化学品安全技术说明书和化学品安全标签所载明的内容应当符合国家标准的要求。

第十七条　危险化学品的包装应当符合法律、行政法规、规章的规定以及国家标准、行业标准的要求。危险化学品包装物、容器的材质以及危险化学品包装的型式、规格、方法和单件质量（重量），应当与所包装的危险化学品的性质和用途相适应。

第十八条　生产列入国家实行生产许可证制度的工业产品目录的危险化学品包装物、容器的企业，应当依照《中华人民共和国工业产品生产许可证管理条例》的规定，取得工业产品生产许可证……。

第二十条　生产、储存危险化学品的单位，应当根据其生产、储存的危险化学品的种类和危险特性，在作业场所设置相应的监测、监控、通风、防晒、调温、防火、灭火、防爆、泄压、防毒、中和、防潮、防雷、防静电、防腐、防泄漏以及防护围堤或者隔离操作等安全设施、设备……。生产、储存危险化学品的单位，应当在其作业场所和安全设施、设备上设置明显的安全警示标志。

第二十一条　生产、储存危险化学品的单位，应当在其作业场所设置通信、报警装置，并保证处于适用状态。

第二十二条　生产、储存危险化学品的企业，应当委托具备国家规定的资质条件的机构，对本企业的安全生产条件每3年进行一次安全评价，提出安全评价报告。安全评价报告的内容应当包括对安全生产条件存在的问题进行整改的方案。

第二十三条　生产、储存剧毒化学品或者国务院公安部门规定的可用于制造爆炸物品的危险化学品（以下简称易制爆危险化学品）的单位，应当如实记录其生产、储存的剧毒化学品、易制爆危险化学品的数量、流向，并采取必要的安全防范措施，防止剧毒化学品、易制爆危险化学品丢失或者被盗……。

第二十四条　危险化学品应当储存在专用仓库、专用场地或者专用储存室（以下统称专用仓库）内，并由专人负责管理；剧毒化学品以及储存数量构成重大危险源的其他危险化学品，应当在专用仓库内单独存放，并实行双人收发、双人保管制度。危险化学品的储存方式、方法以及储存数量应当符合国家标准或者国家有关规定。

第二十五条　储存危险化学品的单位应当建立危险化学品出入库核查、登记制度。对剧毒化学品以及储存数量构成重大危险源的其他危险化学品，储存单位应当将其储存数量、储存地点以及管理人员的情况，报所在地县级人民政府安全生产监督管理部门（在港区内储存的，报港口行政管理部门）和公安机关备案。

第二十六条　危险化学品专用仓库应当符合国家标准、行业标准的要求，并设置明显的标志……。

第二十七条　生产、储存危险化学品的单位转产、停产、停业或者解散的，应当采取有效措施，及时、妥善处置其危险化学品生产装置、储存设施以及库存的危险化学品，不得丢弃危险化学品……。

3. 对危险化学品运输的规定

第四十三条　从事危险化学品道路运输、水路运输的，应当分别依照有关道路运输、水路运输的法律、行政法规的规定，取得危险货物道路运输许可、危险货物水路运输许可，并向工商行政管理部门办理登记手续。危险化学品道路运输企业、水路运输企业应当配备专职安全管理人员。

第四十五条　运输危险化学品，应当根据危险化学品的危险特性采取相应的安全防护措施，并配备必要的防护用品和应急救援器材。运输危险化学品的驾驶人员、船员、装卸管理人员、押运人员、申报人员、集装箱装箱现场检查员，应当了解所运输的危险化学品的危险特性及其包装物、容器的使用要求和出现危险情况时的应急处置方法。

第四十六条　通过道路运输危险化学品的，托运人应当委托依法取得危险货物道路运输许可的企业承运。

第四十七条　通过道路运输危险化学品的，应当按照运输车辆的核定载质量装载危险化学品，不得超载。危险化学品运输车辆应当符合国家标准要求的安全技术条件，并按照国家有关规定定期进行安全技术检验。危险化学品运输车辆应当悬挂或者喷涂符合国家

标准要求的警示标志。

第四十八条 通过道路运输危险化学品的，应当配备押运人员，并保证所运输的危险化学品处于押运人员的监控之下。

第四十九条 未经公安机关批准，运输危险化学品的车辆不得进入危险化学品运输车辆限制通行的区域……。

第六十一条 载运危险化学品的船舶在内河航行、装卸或者停泊，应当悬挂专用的警示标志，按照规定显示专用信号。

第六十三条 托运危险化学品的，托运人应当向承运人说明所托运的危险化学品的种类、数量、危险特性以及发生危险情况的应急处置措施，并按照国家有关规定对所托运的危险化学品妥善包装，在外包装上设置相应的标志。运输危险化学品需要添加抑制剂或者稳定剂的，托运人应当添加，并将有关情况告知承运人。

第六十四条 托运人不得在托运的普通货物中夹带危险化学品，不得将危险化学品匿报或者谎报为普通货物托运。任何单位和个人不得交寄危险化学品或者在邮件、快件内夹带危险化学品，不得将危险化学品匿报或者谎报为普通物品交寄……。

4. 对危险化学品的登记和应急救援的规定

第六十六条 国家实行危险化学品登记制度，为危险化学品安全管理以及危险化学品事故预防和应急救援提供技术、信息支持。

第六十八条 危险化学品登记机构应当定期向工业和信息化、环境保护、公安、卫生、交通运输、铁路、质量监督检验检疫等部门提供危险化学品登记的有关信息和资料。

第六十九条 县级以上地方人民政府安全生产监督管理部门应当会同工业和信息化、环境保护、公安、卫生、交通运输、铁路、质量监督检验检疫等部门，根据本地区实际情况，制定危险化学品事故应急预案，报本级人民政府批准。

第七十条 危险化学品单位应当制定本单位危险化学品事故应急预案，配备应急救援人员和必要的应急救援器材、设备，并定期组织应急救援演练。危险化学品单位应当将其危险化学品事故应急预案报所在地设区的市级人民政府安全生产监督管理部门备案。

第七十一条　发生危险化学品事故，事故单位主要负责人应当立即按照本单位危险化学品应急预案组织救援，并向当地安全生产监督管理部门和环境保护、公安、卫生主管部门报告；道路运输、水路运输过程中发生危险化学品事故的，驾驶人员、船员或者押运人员还应当向事故发生地交通运输主管部门报告。

第七十二条　发生危险化学品事故，有关地方人民政府应当立即组织安全生产监督管理、环境保护、公安、卫生、交通运输等有关部门，按照本地区危险化学品事故应急预案组织实施救援，不得拖延、推诿。

第七十三条　有关危险化学品单位应当为危险化学品事故应急救援提供技术指导和必要的协助。

（二）《工作场所安全使用化学品规定》

其宗旨是安全使用化学品，保障劳动者在工作场所中的安全与健康。本规定与危险化学品生产单位有关的条款共 11 条，部分内容如下：

第六条规定：生产单位应执行《化工企业安全管理制度》及国家有关法规和标准，并到化工行政部门进行危险化学品登记注册。

第七条规定：生产单位应对所生产的化学品进行危险性鉴别，并对其进行标识。

第八条规定：生产单位应对所生产的危险化学品挂贴“危险化学品标签”，填写“危险化学品安全技术说明书”。

第九条规定：生产单位应在危险化学品作业点，利用“安全周知卡”或“安全标志”等方式，标明其危险性。

第十条规定：生产单位生产危险化学品，在填写安全技术说明书时，若涉及商业秘密，经化学品登记部门批准后，可不填写有关内容，但必须列出该种危险化学品的主要危害特性。

第十一条规定：安全技术说明书每 5 年更换一次。在此期间若发现新的危害特性，在有关信息发布后的半年内，生产单位必

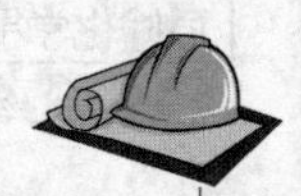

须相应修改安全技术说明书，并提供给运营、运输、储存和使用单位。

（三）《作业场所安全使用化学品公约》（第170号国际公约）

其宗旨是要求政府主管当局、雇主组织、工人组织，共同协商努力，采取措施，保护员工免受化学品危害的影响，有助于保护公众和环境。部分内容如下：

第七条规定：①所有化学品应加以标识以表明其特性。②有害化学品应以易于为工人理解的方式另外加贴标签，以便提供关于其分类，其具有的危害以及应遵循的安全预防措施的基本资料。

第八条规定：①对于有害化学品，应向雇主提供化学品安全使用说明书，其中应列明其特性、供货人、分类、危害、安全防预措施和应急处置方法的基本资料。②应由主管当局，或经主管当局批准或认可的机构，根据国家或国际标准，制定关于编制化学品安全使用说明书的标准。③化学品安全使用说明书中用于识别化学品的化学或通用名称应与标签上使用的名称一致。

第十三条规定：①雇主应对作业场所中使用化学品所造成的危险进行评价，并通过适当的方法，包括下列方法使工人避免这些危险：ⓐ选用可将危险消除或减到最低程度的化学品；ⓑ选用可将危险消除或减到最低程度的技术；ⓒ使用适当的工程控制措施；ⓓ采用可将危险消除或减到最低程度的工作制度和实际做法；ⓔ采取适当的职业卫生措施；ⓕ在依靠上述措施仍不足的情况下，免费向工人提供并适当保养个人防护装备和服装，并采取措施保证其使用。

第十七条规定：①在雇主履行其责任时，工人应尽可能与雇主密切合作，并遵守与作业场所安全使用化学品有关的所有程序和做法。②工人应采取一切合理步骤将作业场所使用化学品对他们自己以及他人的危险加以消除或减到最低程度。

第十八条规定：①工人应有权在有正当理由确信存在对其安全或健康的紧迫和严重危险的情况下，从使用化学品造成的危险中撤离，并应立即报告其上级主管。②根据前款规定从危险中撤离或行使本公约规定的任何其他权利的工人应受保护以免遭不适当的待遇。③有关工人及其代表应有权获得：ⓐ关于作业场所使用的化学品的特性、此种化学品的有害成分、预防措施、教育和培训的资料；ⓑ标签和标识包含的资料；ⓒ化学品安全使用说明书；ⓓ本公约要求加以保存的任何其他资料。

(四)《特种设备安全监察条例》相关内容

《特种设备安全监察条例》于2003年6月1日起实施，对特种设备的范围、使用单位的责任等都作了明确的规定。与危险化学品生产单位有关的压力容器、锅炉等相关的条款共15条。

第二十六条规定：特种设备使用单位应当建立特种设备安全技术档案。

第二十七条规定：特种设备使用单位应当对在用特种设备进行经常性日常维护保养，并定期自行检查。

第二十八条规定：特种设备使用单位应当按照安全技术规范的定期检验要求，在安全检验合格后有效期界满前1个月向特种设备检验检测机构提出定期检验要求。

第二十九条规定：特种设备出现故障或者发生异常情况，使用单位应当对其进行全面检查，消除事故隐患后，方可重新投入使用。

第三十条规定：特种设备存在严重事故隐患，无改造、维修价值的，或者超过安全技术规范规定的使用年限的，特种设备使用单位应当予以报废，并应当向原登记的特种设备安全监督管理部门办理注销。

第三十一条规定：特种设备使用单位应当制订特种设备的事故应急措施和救援预案。

第三十九条规定：锅炉、压力容器、电梯、起重机械、客运索道、大型游乐设施的作业人员及其相关管理人员，应当按照国家有关规定经特种设备安全监督管理部门考核合格，取得国家统一格式

的特种作业人员证书，方可从事相应的作业或者管理工作。

第四十条规定：特种设备使用单位应当对特种设备作业人员进行特种设备安全教育和培训，保证特种设备作业人员具备必要的特种设备安全作业知识。

第四十一条规定：特种作业人员在作业过程中发现事故隐患或者其他不安全因素，应当立即向现场安全管理人员和单位有关负责人报告。

（五）《中华人民共和国消防法》相关内容

第十九条　生产、储存、经营易燃易爆危险品的场所不得与居住场所设置在同一建筑物内，并应当与居住场所保持安全距离。生产、储存、经营其他物品的场所与居住场所设置在同一建筑物内的，应当符合国家工程建设消防技术标准。

第二十一条　禁止在具有火灾、爆炸危险的场所吸烟、使用明火。因施工等特殊情况需要使用明火作业的，应当按照规定事先办理审批手续，采取相应的消防安全措施；作业人员应当遵守消防安全规定。

第二十二条　生产、储存、装卸易燃易爆危险品的工厂、仓库和专用车站、码头的设置，应当符合消防技术标准。易燃易爆气体和液体的充装站、供应站、调压站，应当设置在符合消防安全要求的位置，并符合防火防爆要求。已经设置的生产、储存、装卸易燃易爆危险品的工厂、仓库和专用车站、码头，易燃易爆气体和液体的充装站、供应站、调压站，不再符合前款规定的，地方人民政府应当组织、协调有关部门、单位限期解决，消除安全隐患。

第二十三条　生产、储存、运输、销售、使用、销毁易燃易爆危险品，必须执行消防技术标准和管理规定。进入生产、储存易燃易爆危险品的场所，必须执行消防安全规定。禁止非法携带易燃易爆危险品进入公共场所或者乘坐公共交通工具。储存可燃物资仓库的管理，必须执行消防技术标准和管理规定。

第二十八条　任何单位、个人不得损坏、挪用或者擅自拆除、停用消防设施、器材，不得埋压、圈占、遮挡消火栓或者占用防火间距，不得占用、堵塞、封闭疏散通道、安全出口、消防车通道。人员密集场所的门窗不得设置影响逃生和灭火救援的障碍物。

第三十九条　下列单位应当建立单位专职消防队，承担本单位的火灾扑救工作：（一）大型核设施单位、大型发电厂、民用机场、主要港口；（二）生产、储存易燃易爆危险品的大型企业；（三）储备可燃的重要物资的大型仓库、基地；（四）第一项、第二项、第三项规定以外的火灾危险性较大、距离公安消防队较远的其他大型企业；（五）距离公安消防队较远、被列为全国重点文物保护单位的古建筑群的管理单位。

第四十四条　任何人发现火灾都应当立即报警。任何单位、个人都应当无偿为报警提供便利，不得阻拦报警。严禁谎报火警。

（六）《中华人民共和国职业病防治法》相关内容

《中华人民共和国职业病防治法》分别就法律使用范围、职业病的预防与防护、监督、处罚等方面做了详细阐述。在从事危险化学品生产的过程中，因为接触有毒有害物质、放射性物质、粉尘的机会大，职业病的发病率也较高，因此用人单位应根据有关的条款采取必要的手段，防患于未然，积极预防，制订相应的应急措施。

第十九条规定：用人单位应当设置或者指定职业卫生管理机构或者组织，配备专职或者兼职的职业卫生专业人员，负责本单位的职业病防治工作；指定职业病防治计划好实施方案；建立、健全职业卫生管理制度和操作规程；建立、健全职业卫生档案和劳动者健康监护档案；建立、健全工作场所职业病危害因素监测及评价制度；建立、健全职业病危害事故应急救援预案。

第二十条规定：用人单位必须采用有效的职业病防护设施，并为劳动者提供个人使用的职业病防护用品。用人单位为劳动者个人提供的职业病防护用品必须符合防治职业病的要求；不符合要求的，不得使用。

第二十一条规定：用人单位应当优先采用有利于防治职业病和

保护劳动者健康的新技术、新工艺、新材料，逐步替代职业病危害严重的技术、工艺、材料。

第二十二条规定：产生职业病危害的用人单位，应当在醒目位置设置公告栏，公布有关职业病防治的规章制度、操作规程、职业病危害事故应急救援措施和工作场所职业病危害因素检测结果。对产生严重职业病危害的作业岗位，应当在其醒目位置，设置警示标识和中文警示说明。警示说明应当载明产生职业病危害的种类、后果、预防以及应急救治措施等内容。

第二十三条规定：对可能发生急性职业病损伤的有毒、有害工作场所，用人单位应当设置报警装置，配置现场急救用品、冲洗设备、应急撤离通道和必要的泄险区。

(七)《安全生产许可条例》相关内容

《安全生产许可条例》于 2004 年 1 月 13 日以中华人民共和国国务院令（第 397 号）公布，自公布之日起实施。本条例对安全生产许可证的颁发管理机关作了规定，危险化学品安全生产由国家安全生产监督管理总局监督管理。未取得安全生产许可证的相关企业，不得从事生产活动。企业取得安全生产许可证必须具备下列条件：建立、健全安全生产责任制，制定完备的安全生产规章制度和操作规程；安全投入符合安全生产要求；设置安全生产管理机构，配备专职安全生产管理人员；主要负责人和安全生产管理人员经考核合格；特种作业人员经有关业务主管部门考核合格，取得特种作业操作资格证书；从业人员经安全生产教育和培训合格；依法参加工伤保险，为从业人员缴纳保险费；厂房、作业场所和安全设施、设备、工艺符合有关安全生产法律、法规、标准和规程的要求；有职业危害防治措施，并为从业人员配备符合国家标准或者行业标准的劳动防护用品；依法进行安全评价；有重大危险源检测、评估、监控措施和应急预案；有生产安全事故应急救援队、应急救援组织或者应急救援人员，配备必要的应急救援器材、设备；法律、法规规定的其他条件。

第三章

危险化学品行业危害辨识与控制

危险化学品行业与其他工业相比，存在着诸多不安全因素和职业性危害，其生产过程中具有易燃、易爆、易中毒和腐蚀性强等特点，容易发生爆炸、中毒、火灾等恶性事故，一旦发生生产性事故，将会给国家财产及人民生命安全造成巨大损失。为进一步增强员工的安全知识，提高员工准确辨识危害以及评价风险的能力，实现安全生产，本章围绕着危险化学品行业安全生产的特点，对危险化学品企业的常见危害因素进行了分析，讲述了危害辨识和常见危害控制管理的方法。

第一节 危险化学品行业安全生产特点

一、危险化学品行业生产的特点

（一）危险化学品生产工艺的特点

随着科学技术的发展和人类文明的进步，危险化学品生产等化学工业正向着多样化、大型化、连续化、自动化的趋势发展。其生产工艺流程的特点主要表现在以下几个方面。

（1）生产流程长、工艺过程复杂。一个产品的生产需要多道工序，甚至十几道工序才能完成。为了提高生产效率和产品收率，缩短生产周期，目前化工生产普遍采用高温、高压、深冷、真空等复杂工艺。危险化学品的这种复杂生产过程决定了对设备的安全性能以及员工的操作技能要求相当苛刻，对这种苛刻条件下的生产进行防护，一旦哪个环节疏漏，就会发生不可估量的损失。

（2）原料、半成品、副产品、产品及废弃物大部分具有潜在危险性。化工生产过程中涉及的化学反应复杂包括氧化、水解、硝化、电解、聚合、裂变等。这些化学反应过程的原料、中间产物、成品种类繁多，绝大部分是易燃、易爆、有毒、有腐蚀性的危险化学品。

（3）生产规模越来越大。随着需求量的增加以及技术条件的允许，近年来，国内外化工生产企业的一个明显趋势是生产规模越来越大。从安全角度来看，生产规模的扩大必然会带来生产潜在危险性的增加。

（4）整个生产过程必须在密闭的设备、管道进行，不允许有泄漏，对包装物、包装规格以及储存、装卸、运输都有严格的要求。任何一个环节出现问题都将引起重大安全事故。

（二）危险化学品生产事故的特点

危险化学品事故是指由一种或数种危险化学品或其能量意外释放造成的人身伤亡、财产损失或环境污染事故。危险化学品事故的特点主要有：

1. 易发性

危险化学品的易燃性、反应性和毒性决定了安全事故的频繁发生，即在危险化学品从生产、储存、运输、经营、使用到废弃的六个环节当中都可能发生事故，当受热、遇湿、遇水、摩擦、撞击等就可能发生。

2. 突发性

危险化学品事故往往是在没有先兆的情况下突然发生的，而不需要一段时间的酝酿。

3. 复杂性

危险化学品生产工艺流程复杂涉及反应类型繁多，而且有些化工生产有许多副反应生成，机理尚不完全清楚，有些则是在危险边缘如爆炸极限附件进行生产的如乙烯制环氧乙烷、甲醇氧化制甲醛等；生产过程中影响各种参数的干扰因素很多，设定的参数很容易发生偏移，一旦发生偏移就造成严重的事故；由于人的素质或人机工程设计欠佳，也会造成安全事故如看错仪表、开错阀门等，而且

影响人的操作水平的因素也很复杂如性格、心理素质、专业知识水平等。

4. 连续性

由于生产、储存装置的大型化、系列化，往往发生事故还会引起连锁反应，引发次生事故。2005年11月13日13时许，位于吉林市江北区的中石油吉化公司双苯厂的新苯胺和原料罐区一个装置突然发生爆炸，引起火灾，大火燃及附近的104厂（生产乙烯），再次引发5至6次爆炸。在灭火过程中，大约100t苯类物质被携带进入松花江，形成了80公里长的“污染地毯”，致使哈尔滨市区饮用水的中断，松花江水质受到严重污染。

5. 扩散性

危险化学品一旦发生事故会迅速扩散，波及范围广。2005年3月29日，京沪高速公路淮安段上行线发生一起交通事故，导致液氯大面积泄漏。中毒死亡者达28人，送医院治疗285人，疏散村民群众近1万人，造成京沪高速公路宿迁至宝应段关闭20个小时。

6. 处置难度大

需专门队伍、专业人员，救治也需专业知识。危险化学品事故的类型包括爆炸、中毒、火灾等。首先，危险化学品的爆炸、火灾的机理与一般的爆炸、火灾事故不同，且常常伴随有毒物质的泄漏，因此需要救援人员对火灾的起因和泄漏的有毒物质有熟悉的掌握，其次，危险化学品种类繁多，不同物质的毒性及其反应机理大不相同，这就需要救援人员具备相当的专业水平才能保证救援的顺利进行。

7. 损失严重

由于危险化学品易燃、易爆、有毒等特点，一旦发生事故会造成不可估量的损失，如深圳清水河危险化学品仓库发生特大火灾爆炸事故，死亡15人，200多人受伤，其中重伤25人，直接经济损失超过2.5亿元；1997年，北京东方化工厂油品罐区发生特大火灾爆炸事故，死亡9人，伤37人，直接经济损失高达数亿元；

2001年9月4日，湖北武汉158t浓硫酸长江泄漏事故，严重污染了长江水域，给长江沿岸的正常生产、生活带来了严重影响。由表3-1可以看出，危险化学品事故引起的伤亡是非常惨重的，而且常常在一定范围内引发群体性、社会性问题，影响社会大局稳定。

表3-1 2000～2003年危险化学品事故统计

统计年份	事故数	死亡人数	受伤人数
2000	416	1092	2156
2001	564	785	1421
2002	592	873	1551
2003	621	960	1690

二、安全在危险化学品生产中的地位

化学工业与其他工业相比，存在着诸多不安全因素和职业性危害，其生产过程中具有易燃、易爆、易中毒和腐蚀性强等特点，容易发生爆炸、中毒、火灾等恶性事故，一旦发生生产性事故，将会给国家财产及人民生命安全造成巨大损失。无数惨痛的事实证明只有将安全工作放在各项工作的首位，才能保证经济效益的提高和社会环境的稳定。“安全”是一个永不过时的话题。

安全生产是化工生产的前提。由于化工生产中易燃易爆、有毒、有腐蚀性的物质多，高温、高压设备多，工艺复杂，操作要求严格，如果管理不当或生产中出现失误，就可能发生火灾、爆炸、中毒或灼伤等事故，影响到生产的正常进行。轻则影响到产品的质量和成本，造成生产环境的恶化；重则造成人员伤亡和巨大的经济损失，甚至毁灭整个工厂。无数事故事实告诉我们，没有一个安全的生产基础，现代化工就不可能健康正常的发展。

安全生产是化工生产效益的保障。要充分发挥现代化工生产的优势，必须实现安全生产，确保设备长期、连续、安全地运行。发生事故就会造成生产设备不能正常运行，影响生产能力，造成一定

的经济损失，很难想象，一个事故频发、安全管理混乱的企业，还会有什么效益和发展可言。安全与效益是统一的。所以在企业发展过程中，在追求经济效益的同时也必须追求科学的安全管理，以保证企业生产在保障安全的环境中得到健康的发展。只有这样才能减少伤亡事故，减少经济损失，才能取得更好的经济效益。

第二节 危险化学品企业危害辨识

一、常见危害因素分析

（一）火灾爆炸

危险化学品生产企业具有厂房设计复杂、工艺危险性大、明火作业较多、生产原料和产品具有易燃易爆性等特点，因此极易发生火灾爆炸事故，也是危险化学品生产企业安全事故的重要危害源头之一。

1. 燃烧

根据燃烧的起因不同可分为闪燃、着火和自燃三类。

（1）闪燃。可燃液体挥发的蒸气与空气混合达到一定浓度遇明火发生一闪即逝的燃烧叫闪燃。

（2）着火。可燃物在空气中受到火源作用而发生的持续燃烧的现象。

（3）自燃。可燃物质在没有明火作用的情况下受热升温就能自行燃烧的现象。

2. 爆炸

爆炸是物质非常迅速的化学或物理变化过程，在变化过程里迅速地放出巨大的热量并生成大量的气体，此时的气体由于瞬间尚存在于有限的空间内，故有极大的压强，对爆炸点周围的物体产生了强烈的压力，当高压气体迅速膨胀时形成爆炸。化学工业中常见的爆炸分为物理性爆炸、化学性爆炸、核爆炸。

(1) 物理爆炸。由物理因素（如状态、温度、压力等）变化而引起的爆炸现象，物理爆炸前后，爆炸物质的性质及化学成分均不改变。如压力容器爆炸。

(2) 化学爆炸。由于物质发生激烈的化学反应，使压力急剧上升而引起的爆炸称为化学性爆炸。爆炸前后物质的理化性质均发生了变化。根据爆炸时所发生的化学反应可分为简单分解爆炸、复杂分解爆炸和爆炸性混合物爆炸。

① 简单分解爆炸。这类爆炸没有燃烧现象，爆炸时所需要的能量由爆炸物本身分解产生。属于这类物质的有雷汞、雷银、三氯化氮、三碘化氮、三硫化二氮、乙炔银、乙炔铜等。这类物质是非常危险的，受轻微震动就会发生爆炸。

② 复杂分解爆炸。这类爆炸伴有燃烧现象，燃烧所需要的氧由爆炸物自身分解供给。所有炸药如三硝基甲苯、三硝基苯酚、硝化甘油、黑色火药等均属于此类，与简单分解爆炸物相比，此类爆炸危险性稍小。

③ 爆炸性混合物的爆炸。可燃气体、蒸气或粉尘与空气（或氧）混合后，形成爆炸性混合物，这类爆炸的爆炸破坏力虽然比前两类小，但实际危险要比前两类大，这是由于石油化工生产形成爆炸性混合物的机会多，而且往往不易察觉。爆炸混合物的爆炸需要有一定的条件，即可燃物与空气或氧达到一定的混合浓度，并具有一定的激发能量。此激发能量来自明火、电火花、静电放电或其他能源。爆炸混合物可分为：气体混合物，如甲烷、氢、乙炔、一氧化碳、烯烃等可燃气体与空气或氧形成的混合物；蒸气混合物，如汽油、苯、乙醚、甲醇等可燃液体的蒸气与空气或氧形成的混合物；粉尘混合物，如铝粉尘、硫黄粉尘、煤粉尘、有机粉尘等与空气或氧气形成的混合物；遇水爆炸的固体物质，如钾、钠、碳化

钙、三异丁基铝等与水接触，产生的可燃气体与空气或氧气混合形成爆炸性混合物。

④ 分解爆炸性气体的爆炸。分解爆炸性气体分解时产生相当数量的热量，当物质的分解热为 80kJ/mol 以上时，在激发能源的作用下，火焰就能迅速地传播开来，其爆炸是相当激烈的。

(3) 核爆炸。由物质的原子核在发生“裂变”或“聚变”的连锁反应瞬间放出巨大能量而产生的爆炸，如原子弹、氢弹的爆炸就属于核爆炸。

火灾爆炸的危险主要来自两个方面：一是生产过程中物料的火灾爆炸危险性，包括爆炸品、压缩气体和液化气体、易燃液体、易燃固体、自燃物品、遇湿易燃物品、氧化剂、有机过氧化物等；二是工艺过程中火灾爆炸的危险性，包括工艺流程、设备及安全设施、操作的可靠性等。

(二) 电气安全

电气事故是职业安全工作中主要防范的管理对象之一。电力作为能源，广泛应用于企业生产系统和生活中，然而，在用电的同时，如果对电能可能产生的危害认识不足，控制和管理不当，防护措施不利，在电能的传递和转换过程中，将会发生异常情况，造成电气事故。电气事故可以按照不同的方式分类。按照灾害形式可以分为人身事故、设备事故、火灾、爆炸等；按照电路状况，可以分为短路事故、断路事故、漏电事故等。考虑到事故是由局外能量作用与人体或系统内能量传递发生故障造成的，能量是造成事故的基本因素，可以采取按能量形式和来源进行分类的方法。这样，电气事故可分为触电事故、静电事故、雷电灾害、射频危害、电路故障等五类。

（三）静电危害

1. 产生静电的几种形式

（1）接触起电。接触起电可发生在固体-固体、液体-液体或固体-液体的分界面上。气体不能由这种方式带电，但如果气体中悬浮有固体颗粒或液滴，则固体颗粒或液滴均可以由接触方式带电，以至这种气体能够携带静电电荷。

（2）破断起电。不论材料破断前其内部电荷分布是否均匀，破断后均可能在宏观范围内导致正负电荷分离，产生静电。这种起电称破断起电。固体粉碎、液体分裂过程的起电都属于破断起电。

（3）感应起电。导体能由其周围的一个或一些带电体感应而带电。任何带电体周围都有电场，电场中的导体能改变周围电场的分布，同时在电场作用下，导体上分离出极性相反的两种电荷。如果该导体与周围绝缘则将带有电位，称感应带电。导体带有电位，加上它带有分离出来的电荷。因此，该导体能够发生静电放电。

（4）电荷迁移。当一个带电体与一个非带电体相接触时，电荷将按各自导电率所允许的程度在它们之间分配，这就是电荷迁移。当带电雾滴或粉尘撞击在固体上（如静电除尘）时，会产生有力的电荷迁移。当气体离子流射在初始不带电的物体上时，也会出现类似的电荷迁移。

2. 静电的危害

（1）爆炸和火灾是静电最大的危害。静电能量虽然不大，但因其电压很高而容易发生放电，出现静电火花。在化工企业，很多的作业场所都有可燃液体、气体、蒸气爆炸性混合物或粉尘纤维爆炸性混合物，很容易引起火灾或爆炸。

（2）其次是电击，在生产过程中产生的静电能量很小，所引起的电击不会直接使人致命，但人体可能会因电击引起坠落、摔倒等二次事故，或者使作业人员精神紧张，妨碍工作。

（3）再次是静电妨碍生产，某些生产过程中，如不消除静电，会妨碍生产或降低产品质量，例如，过滤、筛分和输送过程中，静电会使粉体吸附于设备上。静电还可能引起电子元件误动作，使某些电子计算机类设备工作失常。

（四）压力容器与工业管道

压力容器，是指盛装气体或者液体，承载一定压力的密闭设备；锅炉是指利用各种燃料、电或者其他能源，将所盛装的液体加热到一定参数，并承载一定压力的密闭设备；工业管道是指利用一定的压力，用于输送气体或者液体的管状设备。在化学工业中，几乎每一个工艺过程都离不开压力容器和压力管道。锅炉、压力容器和压力管道等作为承压和有爆炸危险性的设备，其所盛的工作介质具有高温、高压、易燃、易爆、有毒或腐蚀等特性。如果设计、安装、使用、安全管理不当，很容易发生事故，一旦发生爆炸，不仅本身设备受到损坏，而且还会影响周围建筑物、设备的损坏和人员伤亡，严重的还会影响其他企业的生产。

（五）工业尘毒与噪声

职业活动中存在的各种有害的化学、物理、生物因素以及在作业过程中产生的其他职业有害因素被称之为职业病危害因素，通常分为三类：一是生产工艺过程中的有毒有害因素，包括化学因素（工业毒物、粉尘）、物理因素（噪声、辐射、振动等）、生物性因素（细菌、寄生虫或病毒所引起的与职业有关的某些疾病）等。

在危险化学品的生产、经营、运输、储存、使用、废物处理过程中，其原料、中间产物或成品，大多是有毒有害的物质。这些物质会以粉尘、蒸气、烟雾或者气体的形式散发出来，侵入人体，造成各种不同程度的伤害，发展成为职业中毒或者职业病。

1. 工业毒物

当某物质进入机体，累积到一定量，就会与体液和组织发生生物化学作用或生物物理变化，扰乱或破坏机体的正常生理功能，进而引起暂时性或持久性的病理状态，甚至危及生命，该物质称为毒物。这种物质来源于工业生产，也称之为工业毒物（主要是指化学性物质）。化工生产中所使用的原材料，生产过程中的产品、中间产品、副产品以及含于其中的杂质和生产中的“三废”排放物中的毒物等，均属于工业毒物。常见的有氯气、氨气等刺激性气体，一氧化碳、硫化氢等窒息性气体，铅、锰、汞等金属类毒物，苯、汽油等有机溶剂以及农药的生产和使用。

2. 噪声

工业生产过程中，由于机器或设备运转以及其他活动所发出的，使人有不舒适感觉的不和谐声响。各类工业使用的机器设备不同，生产流程不同，造成的噪声及污染程度也就不同。如纺织厂的纺织机、机械厂的锻造机、各种风动工具和压缩机等，都是工业噪声的发生源。

（1）噪声污染的特点。噪声是一种感觉公害，虽然不能像其他有毒有害物质具有很强的伤害力，但一旦发生，人们会立刻感觉到他的存在，给人身心健康带来危害。噪声污染具有局限性、分散性、瞬时性的特点。局限性是指噪声总是在污染源附近，超过一定的范围就不会对人身造成伤害；分散性是指噪声源不会集中在一个地方；瞬时性是指噪声污染会随着声源的消失而立即消失，既不会持久也不会积累。

（2）危险化学品生产企业噪声的来源

① 机泵噪声，主要由电机本身的电磁振动所发出的电磁性噪声及尾部风扇的空气动力性噪声及机械噪声组成，一般为83～105dB；

② 压缩机噪声，主要由主机的气体动力噪声及主机与辅机的噪声组成，一般为84～102dB；

③ 加热炉噪声，主要由喷嘴中燃料与气体混合后，向炉内喷

射时与周围空气摩擦而产生的噪声，一般为82～101dB；

④ 风机噪声，主要由风扇转动产生的空气动力噪声、机械传动噪声、电机噪声组成，一般为82～101dB；

⑤ 排放空气噪声，主要由带压气体高速冲击排气管及突然降压引起周围气体扰动造成。

（六）运输安全、储存安全

危险化学品由于自身的危险性，在运输途中若发生交通事故或泄漏事故，不仅仅是车毁人亡，而且会引发燃烧、爆炸、腐蚀、毒害等严重的灾害事故，危及公共安全和人民群众的生命财产安全，导致环境污染。危险化学品运输是一种动态危险源，发生事故涉及面广，危害严重，因此它是保障国民经济发展的一个重要环节，也是维护社会秩序稳定和人民生活安定的一个重要因素。危险化学品在运输过程中发生事故的类型很多，根据产生事故的机理可以将其分为如下几种。

1. 跑、冒、漏、滴事故

危险化学品运输特别是液体、压缩气体、液化气体需要借助压力容器来运载，安全阀、爆破片、压力表、液面计以及液位、压力、温度的检测报警器，这些安全附件长期在颠簸的载体上工作，有可能松动、失灵或者检测不准，从而发生跑料、冒料、漏料、滴料，导致事故发生。

2. 交通事故

危险化学品运输事故绝大部分是由于交通事故引起，由于人的不安全行为和物（机）的不安全状态，直接导致撞车或翻车，使所载的货物发生剧烈碰撞，产生相变或是化学反应，从而发生燃爆，或是使槽车及其附属的配件发生破裂而引发泄漏，导致燃爆或者人员中毒、窒息、灼伤等灾害事故。

3. 意外事故

危险化学品运输中，意外原因引起事故，如槽车通过地下通道，由于地下通道高度不够，槽车被卡住；槽车及其附件遭受重物打击击穿，发生泄漏；运载爆炸品由于堆垛过高、没堆实，自然坍落引起燃爆；自燃物品自燃；遇湿易燃物品在雨天、雪天、雾天受潮引起自燃。

二、常见事故类型及原因分析

(一) 火灾爆炸

火灾爆炸的类型及原因。

(1) 电气安全引发的火灾，包括电气本身的火灾爆炸和引发周围可燃物的燃烧爆炸。它在火灾爆炸事故中占有很大的比例。造成电气火灾爆炸的原因有以下几个原因：

① 由于电气设备设计不合理、安装存在缺陷或运行时短路、过载、接触不良、铁芯短路、散热不良、漏电等导致过热。

② 电热器具和照明灯具形成引燃源。

③ 电火花和电弧。包括电气设备正常工作或操作过程中产生的电火花、电气设备或电气线路故障时产生的事故电火花、雷电放电产生的电弧、静电火花等。

(2) 锅炉、压力容器、工业管道引发的火灾爆炸。锅炉压力容器等使用中发生破裂，使压力瞬间降为大气压的事故。事故发生时，设备中所蕴藏着的巨大能量瞬间释放完毕的过程即为爆炸。爆炸事故会摧毁设备、建筑，造成重大损失，另外如果压力容器内装有有毒有害物质，这些物质的大量外溢（液氯、液氨等）变成毒气迅速扩散，会造成大量人畜中毒的恶性事故。而可燃性物质的大量泄溢，还会引起重大的火灾和二次爆炸事故，后果也十分严重。造成锅炉压力容器发生事故的原因是多方面的，归纳起来主要有以下4个方面。

① 设计制造方面。结构不合理，材质不符合要求，焊接质量不好，受压元件强度不够，以及其他设计制造不良方面的原因。

② 运行管理方面。违反劳动纪律，违章作业；设备失修、超

过检验周期，没有进行定期检验；操作人员不懂技术；无水质处理设施，或水质处理不好，其他运行管理不善方面的原因。

③ 安全附件。不全或失效、不灵。

④ 安装、改造、检修质量不好，以及其他方面的原因。

（3）危险品运输、储存引发的火灾爆炸

运输与储存是危险化学品流通过程中非常重要的环节。处理不当极易造成危险化学品的泄漏并有可能引发爆炸以及毒物的扩散使周围人畜中毒。其原因总结起来主要有两个方面：一是人的因素。政府部门和企业管理存在漏洞，没有严格执行国家危险化学品的各项法规、条例，对企业的危险品运输资质及驾驶员的管理不到位；另外法治意识、安全意识淡薄，安全生产主体责任不落实，这是当前危险化学品事故多发的根本原因。二是设备的因素。运输车辆状况及罐体、阀门、管道、监测所载货物状态、温度、压力、浓度等的仪器仪表的状态都可能引发安全事故。货物的不安全状态也有可能引发安全事故，爆炸品受热或受摩擦或震荡有可能爆炸；压缩气体和液化气体在较高的温度环境下，体积膨胀，压力升高，会引起容器物理性破裂，导致泄漏，遇到点火源发生燃烧或者爆炸；自燃物品如果包装损坏，就会发生自燃；遇湿易燃物品如果包装损坏，在雨天、雪天、大雾天运输，可能会受潮，引起自燃。

（二）中毒

1. 工业中毒的类型

（1）急性中毒。急性中毒是由于大量的毒物于短时间内侵入人体后突然发生的病变现象。造成急性中毒，大多数是由于生产设备的损坏、违反操作规程、无防护地进入有毒环境中进行紧急修理等引起的。

（2）慢性中毒。慢性中毒是由于比较小量的毒物持续或经常地侵入人体内逐渐发生病变的现象。职业中毒以慢性中毒最多见。慢性中毒的发生是由于毒物在人体内积蓄的结果。因此凡有积蓄性的毒物都可能引起慢性中毒，如铅、汞、锰等。中毒症状往往要在从事有关生产几个月、几年，甚至好多年后才出现，而且早期症状往往都很轻微，故常被忽视而不能及时发觉。因此，在工业生产中，预防慢性职业中毒的问题，实际上较急性中毒更为重要。

（3）亚急性中毒。于急性与慢性中毒之间，病变时间较急性中毒长，发病症状较急性缓和的中毒，称为亚急性中毒，如二硫化碳、汞中毒等。

2. 工业中毒的原因

造成工业中毒的原因主要有以下几个方面：一是由于危险化学品生产或者运输过程中的安全事故使有毒化学品泄漏、扩散造成中毒，尤其是一些扩散性极强的物质如挥发性气体、液体等不仅会给现场的工人造成伤害，周围的群众也会受到影响。如 1998 年 6 月 15 日凌晨 3 时 20 分，一辆载有 9 吨液溴的大货车途经 107 国道湖北省咸宁市贺胜桥正街时，由于司机疲劳驾驶，货车失控，撞向国道中央的隔离带，车体当即倾斜翻倒。由于剧烈的撞击，车上装液溴的玻璃瓶、瓷瓶破损，使液溴向外泄漏。溴（Br_2）化学性质活泼，能与很多物质发生反应，具有强烈的腐蚀性和毒害性，人体组织接触到溴，人体细胞会受到破坏而形成严重的化学灼伤。由于报案及时，庆幸没有对当地居民造成太多损失。二是个体防护措施不到位引起的中毒。由于企业的不重视及员工自身安全防护意识的淡薄，导致危险化学品生产企业的员工没有采取合理的防护措施，造成了人员中毒，尤其是一些危险性相对较小的化学品生产企业，员工对此重视度不够，长时间的接触这些有毒物质就会导致中毒。例如工矿企业的粉尘危害。

（三）电气安全事故

1. 电气事故的类型

（1）触电事故。包括电击和电伤两种。

① 电击是电流通过人体引起的组织烧伤或内部器官功能障碍的一种损伤。电流通过身体组织产生的热量，可严重烧伤并破坏机体组织。电击可使人体自身的导电系统短路，导致心跳停止。

按照人体触及带电体的方式，电击分为单相触电、两相触电、跨步电压触电。

② 电伤是电流的热效应、化学效应、机械效应等对人体所造成的伤害。伤害多见于机体的外部，往往在机体表面留下伤痕。包括电弧烧伤、烫伤、电烙印、皮肤金属化、电气机械性伤害、电光眼等不同形式的伤害。电烧伤是最为常见的电伤，大部分触电事故都含有电烧伤的成分。电烧伤可分为电流灼伤和电弧烧伤。

电流灼伤是人体同带电体接触，电流通过人体时，因电能转换成热能引起的伤害。由于人体与带电体的接触面积大，其皮肤的电阻又比较高，因而在皮肤与带电体的接触部位产生的热量就比较多。因此使皮肤受到比体内严重得多的灼伤。电流越大、通电时间越长、电流途径上的电阻越大，电流灼伤就越严重。

(2) 电气火灾与爆炸。电气火灾和爆炸在火灾、爆炸事故中占有很大的比例。如线路、电动机、开关等电气设备都可能引起火灾。变压器等带油电气设备除了可能发生火灾，还有爆炸的危险。造成电气火灾与爆炸的原因很多。除设备缺陷、安装不当等设计和施工方面的原因外，电流产生的热量和火花或电弧是引发火灾和爆炸事故的直接原因。

(3) 静电危害事故。静电危害事故是由静电电荷或静电场能量所引起的。在生产工艺过程中以及操作人员的操作过程中，某些材料的相对运动、接触与分离导致了相对静止的正、负电荷的积累，产生静电。由此产生的静电其能量不大，不会直接使人致命，但是，其电压可能高达数万伏乃至数十万伏，发生放电，产生电火花。

(4) 射频伤害。电磁场的能量对人体造成的伤害，亦即电磁场伤害。在高频电磁场的作用下，人体因吸收辐射能量，各器官会受到不同程度的伤害，从而引起各种疾病。除高频电磁场外，超高压的高强度工频电磁场也会对人体造成一定的伤害。

(5) 电路故障。电能在传递、分配、转换过程中，由于失去控制而造成的事故。线路和设备故障不但威胁人身安全，而且也会严

重损坏电气设备。

2. 电气事故的原因

（1）过热。电气设备过热主要是由电流产生的热量造成的。导体的电阻虽然很小，但其电阻总是客观存在的。因此，电流通过导体时要消耗一定的电能，这部分电能转化为热能，使导体温度升高，并使其周围的其他材料受热。对于电动机和变压器等带有铁磁材料的电气设备，除电流通过导体产生的热量外，还有在铁磁材料中产生的热量。因此，这类电气设备的铁芯也是一个热源。另外，当电气设备的绝缘性能降低时，通过绝缘材料的泄漏电流增加，可能导致绝缘材料温度升高。

由上面的分析可知，电气设备运行时总是要发热的，但是，设计、施工正确及运行正常的电气设备，其最高温度和其与周围环境温差（即最高温升）都不会超过某一允许范围。例如：裸导线和塑料绝缘线的最高温度一般不超过70℃。也就是说，电气设备正常的发热是允许的。但当电气设备的正常运行遭到破坏时，发热量要增加，温度升高，达到一定条件，可能引起火灾。

引起电气设备过热的不正常运行大体包括以下几种情况：

① 短路。发生短路时，线路中的电流增加为正常时的几倍甚至几十倍，使设备温度急剧上升，大大超过允许范围。如果温度达到可燃物的自燃点，即引起燃烧，从而导致火灾。如电气设备的绝缘老化变质，或受到高温、潮湿或腐蚀的作用失去绝缘能力；绝缘

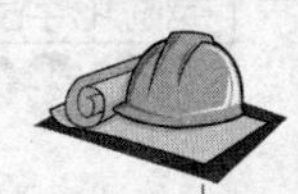

导线直接缠绕、钩挂在铁钉或铁丝上时，由于磨损和铁锈蚀，使绝缘破坏；设备安装不当或工作疏忽，使电气设备的绝缘受到机械损伤；雷击等过电压的作用，电气设备的绝缘可能遭到击穿；在安装和检修工作中，由于接线和操作的错误等。

② 过载。过载会引起电气设备发热，造成过载的原因大体上有以下两种情况：一是设计时选用线路或设备不合理，以致在额定负载下产生过热；二是使用不合理，即线路或设备的负载超过额定值，或连续使用时间过长，超过线路或设备的设计能力，由此造成过热。

③ 接触不良。接触部分是发生过热的一个重点部位，易造成局部发热、烧毁。有下列几种情况易引起接触不良：不可拆卸的接头连接不牢、焊接不良或接头处混有杂质，都会增加接触电阻而导致接头过热；可拆卸的接头连接不紧密或由于震动变松，也会导致接头发热；活动触头，如闸刀开关的触头、插头的触头、灯泡与灯座的接触处等活动触头，如果没有足够的接触压力或接触表面粗糙不平，会导致触头过热；对于铜铝接头，由于铜和铝电性不同，接头处易因电解作用而腐蚀，从而导致接头过热。

④ 铁芯发热。变压器、电动机等设备的铁芯，如果铁芯绝缘损坏或承受长时间过电压，涡流损耗和磁滞损耗将增加，使设备过热。

⑤ 散热不良。各种电气设备在设计和安装时都要考虑有一定的散热或通风措施，如果这些部分受到破坏，就会造成设备过热。

此外，电炉等直接利用电流的热量进行工作的电气设备，工作温度都比较高，如安置或使用不当，均可能引起火灾。

(2) 电火花和电弧。一般电火花的温度都很高，特别是电弧，温度可高达3000～6000℃，因此，电火花和电弧不仅能引起可燃物燃烧，还能使金属熔化、飞溅，构成危险的火源。在有爆炸危险的场所，电火花和电弧更是引起火灾和爆炸的一个十分危险的因素。

电火花大体包括工作火花和事故火花两类。

① 工作火花是指电气设备正常工作时或正常操作过程中产生的。如开关或接触器开合时产生的火花、插销拔出或插入时的火花等。

② 事故火花是线路或设备发生故障时出现的。如发生短路或接地时出现的火花、绝缘损坏时出现的闪光、导线连接松脱时的火花、保险丝熔断时的火花、过电压放电火花、静电火花以及修理工作中错误操作引起的火花等。

此外，还有因碰撞引起的机械性质的火花；灯泡破碎时，炽热的灯丝有类似火花的危险作用。

三、危害辨识方法

危害辨识旨在发现工作环境中带来伤害、伤亡的危险性因素，包括人的行为、物、自然灾害、管理方式等。在识别过程中既要考虑单因素的作用，也要考虑多因素的共同作用。在实际工作中，辨识危害的途径很多：征求有经验的专业技术人员和知识丰富的专家；分析已发事故原因、总结事故隐患；法律法规及其他要求规定的相关注意事项；分析工作流程中的不合理程序；对现场工作人员进行问卷调查，了解工作环境中可能存在的隐患等，同时也可以借助相关的方法来进行辨识。目前，常用的危害辨识方法有如下几种：

（一）安全检查表

安全检查表是分析和辨识系统危险性的基本方法。在安全工作中，通过对生产系统进行科学分析，找出各种不安全因素，并把这些不安全因素以问题清单形式列成检查项目，制成各类表格，以便实施安全检查和分析，这种表格称为安全检查表。所谓安全检查表分析法就是制作安全检查表，并依据安全检查表实施安全检查和诊断的系统安全分析方法。安全检查表的核心是安全检查表的编制和实施。

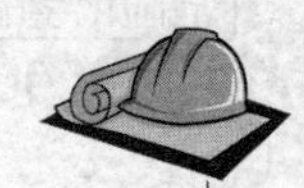

1. 安全检查表的内容与格式

安全检查表实际上是实施安全检查的明细表和项目清单，安全检查表的内容应包括所有可能导致事故的物的不安全状态、环境的不安全条件和人的不安全行为。在安全生产中，由于各种检查的目的和对象不同，着眼点也有区别，安全检查表的内容也应有所侧重，因此应编制各种类型的检查表。在各类安全检查表中必须包括系统或子系统的全部主要检查表，不能忽视那些主要的、潜在的危险因素，而且还应引申和挖掘与之相关的其他因素。

(1) 安全检查表的基本内容：

① 总体要求，即对整个系统安全性的检查要求；

② 生产过程中的安全要求；

③ 机电设备运转的基本安全要求；

④ 管理和操作中的安全要求；

⑤ 人-机-环境系统，如人机接口、环境因素、信号标志等；

⑥ 应急处理措施，如事故应急预案、异常情况处理措施等。

(2) 安全检查表的格式：

第一种，在表中列出全部检查要点，一般用提问方式给出，检查情况用“(√)”(符合要求)或“(×)”(不符合要求)表示，这种格式的检查表参见表3-2。

第二种，在表中只列出主要检查要点，同时在表中留出适当空间，以便填写需要说明的其他问题、处理情况和处理意见。

第三种，在检查表中不列出检查要点，只留出空间填写发现的事故隐患和需要说明的问题。

第一种检查表一般作为专门或专业性安全检查时使用，后两种通常作为安全信息系统信息员的汇报卡使用。各种格式的检查表中均应列出检查者姓名、检查日期、时间、检查地点，以便安全信息系统管理人员归纳整理和进行分析。

2. 安全检查表的类型

根据用途和安全检查表的内容，安全检查表可分为以下几种类型：

表 3-2　危险化学品企业安全检查表

被检查单位：

检查项目	检　查　内　容	检查结果
一、工厂设置	1. 是否按工业企业卫生标准、防火标准进行设计	
	2. 附近有无发生火灾、爆炸、噪声、大气污染或水质污染的可能性	
	3. 遭受天灾(如暴风雨、落雷、地震)时采取什么措施	
	4. 公路铁路等交通情况，交叉路口有无专人看守	
	5. 发生事故时，与急救等有关单位(如汽车站、急救站、医院、消防队)的联系是否方便，效率如何	
	6. 工厂“三废”对周边社区的影响如何	
二、平面布置	1. 从单元装置到厂界的安全距离是否足够，重要装置是否设置了围栅	
	2. 装置和生产车间所占位置与公用工程、仓库、办公室、实验室是否有隔离区或处于火源的下风位置	
	3. 危险车间和装置是否与控制室、变电室隔开	
	4. 车间的内部空间是否按下述事项进行了考虑：物质的危险性、数量、运转条件、机器安全性等	
	5. 装置周围的产品与火源的距离及其影响	
	6. 储罐间距离是否符合防火规定，是否具备防溢堤和地下储罐	
	7. 废弃物处理是否会散出污染物，是否在居民区的下风侧	
三、建筑标准	1. 地耐力及基础强度足够否	
	2. 钢结构(及耐火衬里)在火灾情况下的耐受能力如何	
	3. 凡是有助于火焰传播和蔓延部分，如地板和墙壁开口、通风和空调管道、电梯竖井、楼梯道路等的防火情况，凡是开孔部分，其孔口面积及个数是否限制在最小程度	
	4. 有爆炸危险的工艺是否采用了防爆墙，其层顶材料、防爆排气孔口是否够用	
	5. 出、入口和紧急通道设计数量是否够用，是否阻塞？有无明显标志或警告装置	
	6. 为排除有毒物质和可燃物质的通风换气装置状况如何(包括换气风扇、通风机、空气调节气体捕集、新鲜空气入口位置、排热风用风门等)	
	7. 台阶、地面、梯子、通路等是否按人机工程要求设计，窗扇和窗子对道路出、入口是否会造成影响	
	8. 建筑物的排水情况如何	

检查人：　　　　　　　　　　　　　　　　年　　月　　日

（1）设计审查用安全检查表。这类安全检查表供设计人员进行新建、改扩建、新采区、新工作面和其他新设计时使用，以便发现问题，及时更改，保证设计系统的本质安全化，避免设计付诸实施后再进行整改。这类安全检查表也可作为安全人员参与设计审查时的依据。内容主要包括厂址选择、平面布置、工艺过程、装置的布置、建筑物与构筑物、安全装置与设备、操作的安全性、危险物品的储存以及消防设施等方面。

（2）厂（企业）级的安全检查表。这类安全检查表供厂（企业）安全、技术等部门进行全局性安全检查时使用。内容应包括主要系统和重点要害部门的安全可靠性、安全防护装置状况、灾害控制程度、危险物品的储存、运输和使用、安全管理制度与设施等方面的问题。

（3）车间的安全检查表。用于车间进行定期检查和预防性检查的检查表，重点放在人身、设备、运输、加工等不安全行为和不安全状态方面。其内容包括工艺安全、设备布置、安全通道、通风照明、安全标志、尘毒和有害气体的浓度、消防措施及操作管理等。

（4）工段及岗位的安全检查表。用于工段和岗位进行自检、互检和安全教育的检查表，重点放在因违规操作而引起的多发性事故上。其内容应根据岗位的操作工艺和设备的抗灾性能而定。要求检查内容具体、易行。

（5）专业性安全检查表。此类表格是由专业机构或职能部门所编制和使用的，主要用来进行定期的或季节性的安全检查，如对电气设备、起重设备、压力容器、特殊装置与设施等的专业性检查。

3. 安全检查表的编制和实施

（1）编制依据

① 有关法律、法规、标准、规程、规范及规定等。如《危险化学品安全管理条例》、《易燃易爆化学品消防安全监督管理办法》等。

② 本单位的经验。

③ 国内外事故案例。

④ 系统安全分析的结果。根据其他系统安全分析方法对系统

进行分析的结果，将导致事故的各个基本事件作为防止灾害的控制点列入检查表。

（2）编制方法。根据检查对象，安全检查表编制人员可由熟悉系统安全分析的本行业专家（包括生产技术人员）、管理人员以及生产第一线有经验的工人组成。编制主要步骤如下：

① 首先确定检查对象与目的。

② 系统分解。根据检查对象与目的，把系统分解成子系统、部件或元件。

③ 分析可能的危险性。对各子系统、部件或元件进行分析，找出被分析系统（部件或元件）存在的危险源，评定其危险程度和可能造成的后果。

④ 制定检查表。确定检查项目，根据检查目的和要求设计或选择检查表的格式，按系统或子系统编制安全检查表，并在使用过程中加以完善。

（3）安全检查表编制注意事项。为使编制的安全检查表行之有效，编制过程中应注意以下问题：

① 编制前，要熟悉检查对象，收集相关规程、法令和技术标准，列出有关要求，使安全检查表提出的问题有法规依据。

② 所列检查项目要重点突出，抓住主要矛盾。应尽量采用系统安全分析的方法进行分析，找出引起事故的基本原因，使检查项目既不遗漏，又重点突出。

③ 检查表的项目应各有侧重，分清职责，可查可不查的内容不要列入。

④ 检查表的项目要随着工艺的改进、设备的更新、地质条件的变化不断进行修改。

（4）安全检查表的实施。正确实施安全检查表，才能在安全生产管理中发挥安全检查表的作用。安全检查表的使用必须与生产过程和经济效益结合起来，为此，要建立完整的管理制度体系。安全检查的结果必须迅速反馈到各职能部门，以便使发现的问题得到及时整改；应能及时获取整改信息，以监督整改的实施和效果；各类

信息应能及时归类存档，以便总结经验教训，发现规律，积累安全生产数据。为此，要建立完善的安全信息管理系统，建立通畅的信息传输与反馈渠道，保证信息传输的快速、准确。

4. 安全检查表的特点

安全检查表是进行系统安全性分析的基础，也是安全检查中行之有效的基本方法，具有以下明显的特点：

(1) 通过预先对检查对象进行详细调查研究和全面分析，所制定出来的安全检查表比较系统、完整，能包括控制事故发生的各种因素，可避免检查过程中的走过场和盲目性，从而提高安全检查工作的效果和质量；

(2) 安全检查表是根据有关法规、安全规程和标准制定的，因此检查目的明确，内容具体，易于实现安全要求；

(3) 对所拟定的检查项目进行逐项检查的过程，也是对系统危险因素辨识、评价和制定措施的过程，既能准确地查出隐患，又能得出确切的结论，从而保证了有关法规的全面落实；

(4) 检查表是与有关责任人紧密相联系的，所以易于推行安全生产责任制，检查后能够做到事故清、责任明、整改措施落实快；

(5) 安全检查表是通过问答的形式进行检查的过程，所以使用起来简单易行，易于安全管理人员和广大职工掌握和接受，可经常自我检查。

总之，安全检查表不仅可以用于系统安全设计的审查，也可以用于生产工艺过程中的危险因素辨识、评价和控制，以及用于行业标准化作业和安全教育等方面，是一项进行科学化管理、简单易行的基本方法，具有实际意义和广泛的应用前景。

(二) 事故树分析

事故树分析（fault tree analysis，简称 FTA）也称故障树分析。它从一个可能的事故（顶事件）开始，自上而下、一层一层地寻找顶事件的直接原因事件和间接原因事件，直到基本原因事件（基本事件），并用逻辑图把这些事件之间的逻辑关系表达出来。事故树分析是一种演绎分析方法，即从结果分析原因的方法。进行事故树分析，可以描述事故因素及其逻辑关系，发现系统的潜在危险；可以寻找控制事故的要点，以便采取最优化安全措施。事故树分析具有广泛的使用范围和推广应用前景。

❶ 事故树的符号

事故树是一种用树形结构描述事故结果、事故原因及其相互间逻辑关系的逻辑图。通常将事故结果和事故原因均称为事件，事故结果称为顶上事件，是事故树分析的对象。事故中间原因称为中间事件，事故的基本原因称为基本事件，事故树由表示事件的事件符号和表示事件之间逻辑关系的逻辑门符号组成。

（1）事故树的事件符号。事故树的事件符号主要有四种，如图 3-1 所示。其中矩形符号表示顶上事件或中间事件，即需要作进一步分析的事件。圆形符号、菱形符号、房形符号统称基本事件符号，即不能作进一步分析或没有必要作进一步分析的事件。圆形符号表示缺陷基本事件，包括人的差错、机器故障、环境缺陷等。菱形符号表示省略基本事件，即因资料不足不能分析，或没有必要分析下去的事件。房形符号表示非缺陷基本事件，即在系统正常状态下发生的正常事件。因为事故树分析是一种严密的逻辑分析，在某些情况下没有正常事件的存在，分析时就缺乏逻辑的严密性，因此，事故树分析时也往往涉及正常事件。

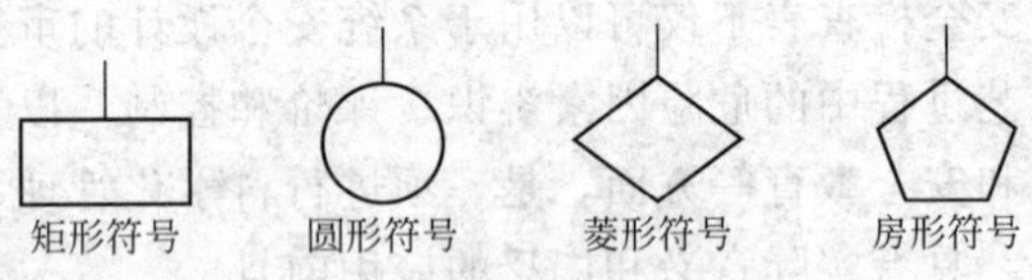

图 3-1 事故树的事件符号

事故树分析时，事件内容需要扼要记入相关符号之中。应该注意，在符号内填写事件内容时应是具体的事件，不能笼统含糊和使用定性的术语。如，思想不重视领导忽视安全等不能作为基本事件；不能用“人的不安全行为”代表“超采高下作业”，否则，必然给定性、定量分析带来困难。

(2) 逻辑门符号。事故树中包含的事件一般都是事故事件，这些事故具有一定的逻辑关系，这种逻辑关系用相应的逻辑门来表达。事故树的主要逻辑门符号如图 3-2 所示。

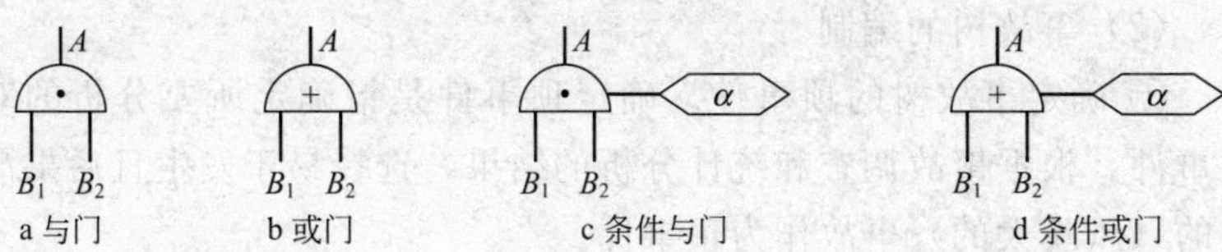

图 3-2 事故树的逻辑门符号

图 a 是与门符号。其上端是输出，下端是输入，它表示输入事件 B_1、B_2 同时发生时，输出事件 A 才发生。其逻辑关系表示为逻辑乘的关系，即 $A=B_1 \cdot B_2$。

图 b 是或门符号。它表示输入事件 B_1、B_2 只要有一个发生，就可使输出事件 A 发生。其逻辑关系表示为逻辑和的关系，即 $A=B_1+B_2$。

图 c 是条件与门符号。它表示输入事件 B_1 和 B_2 不仅同时发生，而且还要满足条件 α 的情况下，输出事件 A 才发生。其逻辑关系为：$A=B_1 \cdot B_2 \cdot \alpha$，其中 α 是输出事件 A 发生的必要条件，而不是事件，它是逻辑上的一种修饰。

图 d 是条件或门符号。它表示输入事件 B_1 和 B_2 只要有一个发生，同时满足条件 α 的情况下，输出事件 A 就可发生。其逻辑关系为：$A=(B_1+B_2) \cdot \alpha$。

2. 事故树分析程序

事故树的分析程序一般可按下述步骤进行。在具体分析过程中，分析人员可根据实际条件或资料的掌握程度选取其中的若干步。

(1) 准备阶段。

① 确定所要分析的系统，合理确定所要分析系统的边界条件。

② 熟悉系统。对于确定要分析的系统进行深入的调查研究，收集系统的有关资料与数据，包括系统的结构、性能、工艺流程、运行条件、事故类型、维修情况、环境因素等。

③ 调查系统发生的事故。收集、调查所分析系统曾经发生过的事故和将来有可能发生的事故，同时还要收集、调查本单位与外单位、国内与国外同类系统曾发生的所有事故。

（2）事故树的编制。

① 确定事故树的顶事件。确定顶事件是指确定所要分析的对象事件。根据事故调查和统计分析的结果，选择易于发生且后果严重的（风险大的）事故作为顶事件。

② 调查事故原因。从人、机、环境和信息等方面调查与事故树顶事件有关的所有事故原因。

③ 编制事故树。把事故树顶事件与引起顶事件的原因事件，采用一些规定的符号，按照一定的逻辑关系，绘制反映事件之间因果关系的树形图。

（3）事故树定性分析。定性分析是事故树分析的核心内容，其目的是分析该类事故的发生规律及特点，找出控制事故的可行方案，并从事故树结构上分析各基本事件的重要程度，以便按轻重缓急分别采取对策。

事故树定性分析的主要内容有：

① 利用布尔代数化简事故树；

② 求取事故树最小割集或最小径集；

③ 对基本事件的结构重要度进行分析；

④ 定性分析结论，确定预防事故的安全技术措施。

（4）事故树定量分析。定量分析的主要内容包括：

① 确定各基本事件的故障率或失误率，计算并确定基本事件发生概率。

② 根据各基本事件发生概率计算出顶上事件概率。把计算得出的顶上事件发生概率与通过统计分析得出的概率进行比较，如果两者不符，应分析各种可能原因，如原因事件是否找全，上下层事件间的逻辑关系是否正确等。若有必要，重新进行分析计算。

③ 计算各基本事件的概率重要度和临界重要度。进行事故树分析时，会遇到因缺乏基本事件发生概率的数据而难于进行定量分

析的情况。这些数据需要较长时间的经常收集和整理，在目前情况下，不妨作一些估计假设。这样做有时也是必要的，因为只有做到定量阶段才能显示出事故树分析的优点。

（5）事故树分析的结果总结与应用。必须及时对事故树分析的结果进行评价、总结，提出改进建议，整理、储存事故树定性和定量分析的全部资料与数据，并注重综合利用各种安全分析的资料，为系统安全性评价与安全性设计提供依据。

3. 事故树的编制过程

编制事故树，首先要确定需要分析的事故，即顶上事件。选择系统中后果严重、多发常见的事故作为事故树分析的顶上事件，将其写入最上端的矩形框内，然后详尽分析造成顶上事件的直接原因，将各直接原因并列写在顶上事件下面的各矩形框内，并用适当的逻辑门符号表示各直接原因与顶上事件的逻辑关系。逻辑门符号很重要，它直接影响以后的定性分析和定量分析。接着分析造成各直接原因的原因，将这些原因写在直接原因下面的事件符号内，用逻辑门符号表示与其直接原因的关系。如此层层分析下去，直至分析到最基本的原因事件，并将图形优化，就构成了事故树。

以氯碱生产企业氢气系统火灾爆炸事故为例（图 3-3），事故树的 T 顶上事件是“氢气火灾爆炸”；A～G 中间事件；X_1～X_{12} 基本原因事件；A 点火源；B 明火；C 撞击火花；D 电火花；E 人体静电；F 氢气浓度达到爆炸极限；G 通风不良；X_1 吸烟；X_2 雷电；

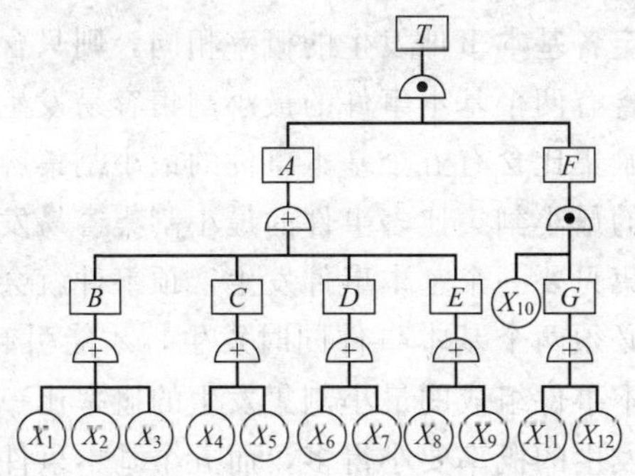

图 3-3 氢气系统火灾爆炸事故树分析

X_3 违章用火；X_4 金属工具撞击；X_5 穿带钉鞋；X_6 电解槽断电不良或跳槽；X_7 导线漏电；X_8 未穿防静电服作业；X_9 作业时与导体接触；X_{10} 密闭系统出现故障；X_{11} 排风设计不当；X_{12} 排风设备损坏。

4. 最小割集和最小径集在事故树分析中的作用

（1）最小割集在事故树分析中的作用。最小割集在事故树分析中起着非常重要的作用，归纳起来有四个方面。

① 表示系统的危险性。最小割集的定义明确指出，每一个最小割集都表示顶事件发生的一种可能，事故树中有几个最小割集，顶事件发生就有几种可能。从这个意义上讲，最小割集越多，说明系统的危险性越大。

② 表示顶事件发生的原因组合。事故树顶事件发生，必然是某个最小割集中基本事件同时发生的结果。一旦发生事故，就可以方便地知道所有可能发生事故的途径，并可以逐步排除非本次事故的最小割集，而较快地查出本次事故的最小割集，这就是导致本次事故的基本事件的组合。显而易见，掌握了最小割集，对于掌握事故的发生规律，调查事故发生的原因有很大的帮助。

③ 为降低系统的危险性提出控制方向和预防措施。每个最小割集都代表了一种事故模式。由事故树的最小割集可以直观地判断哪种事故模式最危险，哪种次之，哪种可以忽略，以及如何采取措施使事故发生概率下降。

若某事故树有三个最小割集，如果不考虑每个基本事件发生的概率，或者假定各基本事件发生的概率相同，则只含一个基本事件的最小割集比含有两个基本事件的最小割集容易发生；含有两个基本事件的最小割集比含有五个基本事件的最小割集容易发生。依此类推，少事件的最小割集比多事件的最小割集容易发生。由于单个事件的最小割集只要一个基本事件发生，顶事件就会发生；两个事件的最小割集必须两个基本事件同时发生，才能引起顶事件发生。这样，两个基本事件组成的最小割集发生的概率比一个基本事件组成的最小割集发生的概率要小得多，而五个基本事件组成的最小割集发生的可能性相比之下可以忽略。由此可见，为了降低系统的危

险性，对含基本事件少的最小割集应优先考虑采取安全措施。

④ 利用最小割集可以判定事故树中基本事件的结构重要度和方便地计算顶事件发生的概率。

（2）最小割集和最小径集在事故树分析中的作用。最小径集在事故树分析中的作用与最小割集同样重要，主要表现在以下三个方面。

① 表示系统的安全性。最小径集表明，一个最小径集中所包含的基本事件都不发生，就可防止顶事件发生。可见，每一个最小径集都是保证事故树顶事件不发生的条件，是采取预防措施，防止发生事故的一种途径。从这个意义上来说，最小径集表示了系统的安全性。

② 选取确保系统安全的最佳方案。每一个最小径集都是防止顶事件发生的一个方案，可以根据最小径集中所包含的基本事件个数的多少、技术上的难易程度、耗费的时间以及投入的资金数量，来选择最经济、最有效地控制事故的方案。

③ 利用最小径集同样可以判定事故树中基本事件的结构重要度和计算顶事件发生的概率。在事故树分析中，根据具体情况，有时应用最小径集更为方便。就某个系统而言，如果事故树中与门多，则其最小割集的数量就少，定性分析最好从最小割集入手。反之，如果事故树中或门多，则其最小径集的数量就少，此时定性分析最好从最小径集入手，从而可以得到更为经济、有效的结果。

（三）危险预知

危险预知作为一种简单、有效的风险辨识方法，广泛应用于班组和职工作业中。危险预知简言之就是预先知道生产或作业过程中的危险性，进而采取措施，控制危险，保障安全。它是日本一些企业普遍采用的一种安全技术，危险预知以“零灾害是大家的心愿，让我们的工作场所更安全”为口号，将重视人，以人为中心，以零事故为目标作为出发点，通过生动的安全活动，造就良好的安全环境。危险预知活动就是发现、掌握、解决危险的实践活动，分为“把握现状”（存在什么样的潜在危险呢?）、“追究本质”（这才是危险点）、“确立对策”（你会怎么做?）、“设定目标”（我们这样做）

四个阶段实施。在班前会、工作中要求职工养成查找危险的习惯，做任何事情都要分析潜在的危险因素，然后采取相应的预防措施，做到安全生产。

1. 危险预知的实施程序

员工上岗前特别是各类检修、施工项目作业前，必须开展危险预知活动，做到“三不开工”，即：没有危险预知不开工，没有安全交底不开工，没有安全监护人不开工。

第一步是根据作业内容进行危险辨识，员工按照相关的技术标准，查找作业项目中的危害因素，从而了解可能产生的危险。

具体措施：班组长在班前会上，首先检查组员的工作服穿戴是否规范和作业前精神状态是否良好；班组长总结上一个班的工作，分析是否会给本班带来危险；安排布置本班工作任务，进行安全交底，明确责任人、安全监护人、作业时间、作业地点和环境状况；班组长向组员询问，关此项工作有什么潜在的危险（包括固有的、作业中产生的）；组员要把自己假想已置身于任务当中，尽力找出有何危险因素（包括人、机、物、环境、管理等方面的不安全因素），积极大胆地发言，充分发挥自己的想象力，不论是否正确；推想找出的危险因素会引发的影响（可能不止一种后果，应尽可能找全），进行讨论；班组长就大家找出的危险，逐一进行宣读确认，避免漏掉不是主要的却是危险的项目。

第二步对找出的危险因素进行分类，通过大家的讨论，从诸多危险中找出大家一致认为是危险且易造成伤害的因素。

具体措施：班组长应对每个组员进行询问，检查确认是否都对找出的危险了解和有所重视；对查出的危险因素进行适当分类。第一类：“这个危险不会造成伤害”，第二类：“这个问题可能造成危险”。将第一类问题剔除，从剩下的第二类问题中，进行第二次分类，找出大家认为最有可能造成伤害的因素，不能靠举手表决，也不能靠班组长的主观臆断，而应以客观事实、科学推理为依据，要分析得细、分析得透。班组长第二次向大家确认，对这样的重要因素大家必须记清楚。

第三步是制定技术措施。根据前面查找出的重要危险因素，有针对性地制定出合理、有效的措施，并进行确认。

具体措施：对第二类中的重要危险因素，班组长向组员或组员之间相互提问，启发大家思考；集体讨论，拿出切实可行的措施；对具体措施进行分类，把“作业前必须马上实施的事、必须干的事”作为重点实施项目定下来；把班组的目标定位在处于危险状况的作业靠采取措施实现安全作业的要求；班组长就确定的内容对组员进行最后的确认，看是否有遗漏的危险和措施。

危险预知后，要根据预知结果进行逐项落实，如果作业现场发生意想不到的情况，还应适时进行纠正预知结果，并及时通知到每一个作业员工。要做到作业前静思一分钟，即静思危险预知中确认的作业危险存在的特征、原因及应采取的措施方法，静思自己的一举一动如何在作业中避免危险，要做到有完全的心理上和行动上的把握才可以行动；作业中沉思一分钟，即检查作业中的一举一动是否符合《岗位作业标准》、《安全检查表》以及危险预知结果的要求；作业后反思一分钟，反思作业行为的合理性，是否按预知的要求进行了落实，一旦发现存在还没有做到的行为，提醒自己下次加以注意，并在下次的班前会上进行说明，与其他组员进行交流。检查行为后果是否满足了技术上、设备上、安全性能上的要求，以免自己一时的不经意，给自己或别人留下危险隐患。

2. 危险预知应包括的内容

(1) 班组长对本班组管辖范围或承担的作业项目，先要明确无误，对重点、难点、危险点了如指掌，做到心中有数。

（2）班组应对所承担的项目、任务、可能会发生哪种伤害，引发哪类事故，如触电、起重伤害、落物坠入、火灾爆炸、中毒窒息等，都要在作业前仔细预想，并运用因果图、事故树分析等方法，分别列出对策并加以落实，防患于未然。

（3）让班组每个成员都清楚，从人、机、料、法、环几个方面细化分析，认真填写危险预知报告书，交班组长或有关人员批准，并在作业前的准备会上作出交底。着重从作业状况、发生事故因素、潜在危险、重点对策、预防措施等方面下工夫，以此来提高自我保护能力和事故处理能力，达到危险预知大家清楚，危险报告人人会写，从而保证每次危险作业都能顺利完成。

（4）班组长要做明白人。班组长和职工之间、职工和职工之间，工作、生活、学习在一个特定的班组集体中，同志情、工友爱、师徒谊，组成一个共同体。班长要通过“上班看脸色、吃饭看胃口、干活看劲头、休息看情绪”来发现班组成员的心理、体力变化，及时发现问题，采取措施加以解决。

（5）就每一作业具体项目而言，班组长都要按照“人员是否足够、素质是否适应、配合是否默契、方案是否可行”的要求，精心组织，合理安排。

3. 危险预知的主要方法

根据实践中的基本做法，开展危险预知活动是按作业系统、生产班组、作业岗位和工序流程严格进行实施的。主要的实施方法有：

（1）系统危险预知。以一个作业系统或作业区域为单元，对施工现场进行危险预知。施工现场可利用“安全确认牌板”，对确认明细进行顺序排序，并悬挂在固定位置上。每进行一次确认合格时画“√”，不合格时画“×”，将错误纠正合格画“√”，牌板上有“×”不允许进入下一道工序施工，必须都是“√”时才允许继续施工或开工。坚持以格式化的方式进行安全确认。

（2）班组危险预知。以班组为单元，由现场班组长在生产现场，组织全员对所分管区域和实施的工作项目进行全面的隐患排

查，并以此为基础分析危害，制定整改及防范措施，实行全员确认签字。通过这种活动，发挥员工主观能动性，充分查找潜在危险因素，实现自我教育、自我整改、自我保护、自我管理。

（3）岗位危险预知。员工上岗操作前，必须对不安全装置、不安全环境、不安全状态、不完好工具进行安全确认。在确认过程中，对现场检查→发现问题→制定措施→排除隐患→确认安全的各个环节，必须通过统一制作的“安全确认牌板”予以确认，不能出现漏项，做到不进行危险预知不开工，不安全确认不开工。

（4）工序化危险预知。将工作项目按工序细分成若干具体操作环节，针对每个操作环节可能出现的安全问题，按操作流程制定安全技术措施，员工在作业过程中，完成一个操作环节时，要对照工作标准和安全技术措施予以确认，之后方能进入下一道操作环节。

做到危险预知，要加强员工的危险预知训练。通过对班组成员有计划分批组织安全技术轮训，进行多项技术培训；分析研究事故案例，事先推测和估计每项工程、每项操作的危险因素和可能产生的结果；模拟常见的设备故障，有针对性地采取技术防范措施，找出安全对策，营造良好的班组安全文化氛围。

4. 开展好班组危险预知活动注意事项

（1）思想上重视是前提。“事故是可以避免的”观点启示我们，根据事故征兆，可以预知事故的来临。例如，冶金生产具有高温、高压、易燃、易爆、立体交叉作业、尘毒作业多等特点，各类不安全、不卫生的危险因素是客观存在的，给人们的生命安全和身体健康带来危害。由于班组危险预知活动是作业前的预测，通过对各种危险因素的预测，使各种预测结果力求适合现场使用，成为工人的作业指南。如果每一名员工都积极参与，各级管理部门都高度重视，并加强组织领导，深入班组进行指导，适当加入行政布置，定期检查评比，那么就会使各级领导和每一位员工都真正参与到这种现代安全管理中来，然后再通过“诸葛亮会”，群策群力，研究落实方案，便可以预防事故的发生，把发生事故的可能性降低到最低限度。

（2）班组长举足轻重。由于班组危险预知活动是利用安全活动日的时间，在班组长领导下进行的群众性的事故预测活动。班组长既是生产的组织者、指挥者，也是安全生产的承担者，因而作为“兵头将尾”的班组长，如何组织好该项活动，就成为搞好班组安全学习的关键。班组长主要工作在于：首先，要调动全班员工参与此项活动的积极性。由于每个人的生活、工作空间各不相同，危险预测也因人而异，因而班组长应以个人为基础，充分发挥个人的特点和优势，协调彼此间的异同。其次，要深入细致的做好思想工作。做到晓之以理，喻之以情，激发员工参与此项活动的热情，让所有的组员自由发挥，踊跃发言，毫无顾虑；即使有所顾虑，班组长也应启发诱导。使得班组危险预知活动，总是在一种活跃、兴奋的气氛中进行，让每一位员工都能自觉、自愿积极参与活动。

（3）稳步、细致、扎实地落实四个阶段。班组危险预知活动可分为发现问题、研究重点、提出措施、最终确定方案四个阶段进行。进行预知活动，各阶段不应混淆，要循序渐进。可以用图例或现场查看等多种形式，从“人、机、环境、管理”四个方面排查可能出现的危险因素，设想危险因素可能引起哪些现象发生。由于考虑“要控制什么危险”比考虑“有什么危险”更为重要，这就要求我们要准确抓住重要危险因素，但并不是说可以不管其他危险因素。不能同时解决所有问题时，必须重点解决对班组最重要、最紧急的那些危险。

根据工程作业条件、人员素质等情况，结合安全、技术操作规程和员工提出的意见来确定措施。由于措施仅仅是设想，当没有把握时，我们可以通过工程技术人员审查、模拟训练和演习进行一系列的验证，以找到最佳方案，并把方案应用到实际工作中，将控制措施落实到人。这样，活动才能得以有条不紊地开展，从而达到班组自我保护、自我管理的目的。

（4）坚持考核制度。对班组危险预知活动开展考核，应以表扬、奖励为主，批评惩罚为辅。心理学研究的成果表明，获得奖励是人的需要之一。在活动开展的过程中，对于那些思维活跃、积极参加、勇于解决疑难的人，班组应适当给予奖励，这样可以满足其心理需求，增强他搞好活动的积极性和信心；对于不参加活动的个

人，应适当予以惩罚。但要注意的是，惩罚轻了，不容易产生效果，而惩罚重了，又容易引起逆反心理，起反作用，挫伤员工的安全生产积极性。所以，班组、单位应客观、公正地奖惩，并将奖惩结果及时兑现，这样就能使员工在思想上，行动上重视这个活动。

许多班组认为，危险预知活动改变了过去那种开展安全活动读文件、学规程的枯燥局面，增强了员工对危险源的识别和预知能力，提高了人们对事故的敏感性，大幅度降低了违章和不安全行为所造成事故的频率，充实了员工的自救互救知识，大大提高了安全活动的效果。

第三节 常见危害控制

危险化学品的行业特点决定了其事故的易发性、多发性，尽管采取了各种防范措施也不能保证安全事故绝对不会发生，事故一旦发生应采取积极的、恰当的控制措施，将损失减到最低。下面针对具体的事故类型简单叙述其控制措施。

一、火灾爆炸事故的控制

1. 报警

在发生化学事故的过程中，时间是非常宝贵的，任何贻误时机的行为都可能带来灾难性的后果。当发生突发危险性化学品火灾爆炸事故时，现场人员在保护好自身安全的前提下，及时检查事故部位，按照应急分级原则与初始条件初步判断应急状态并报告给有关人员和“119”。

“119”报警的内容应包括：事故单位、事故发生的时间、地点、化学品名称和泄漏量、事故性质、危险程度、有无人员伤亡以及报警人员的联系方式。

2. 阻止火灾蔓延措施

采用阻止火灾蔓延的各种措施，对于减少事故损失是非常重要的。此外，设置防火门、防火墙、防火帘、防火堤以及保持防火安全距离等，都是防止火灾蔓延扩大的措施。迅速关闭火灾部位的上下游阀门，切断进入火灾事故地点的一切物料；迅速疏散受火势威胁的物资；有的火灾可能造成易燃液体外流，这时可用沙袋或其他材料筑堤拦截飘散流淌的液体，或挖沟导流将物料导向安全地点；用毛毡、海草帘堵住下水井、阴井口等处，防止火焰蔓延。

3. 紧急疏散，建立警戒区

事故发生后，应根据化学品泄漏性质、风速、风向等确定扩散情况或火焰辐射热所涉及的范围建立警戒区，在通往事故现场的主要干道上实行交通管制。警戒区域的边界应设警示标志并有专人警戒，除消防及应急处理人员外，其他人员禁止进入警戒区。泄漏溢出的化学品为易燃品时，区域内应禁止明火作业。加强警戒区内毒物浓度的监测。紧急疏散，迅速撤离警戒区内与事故无关的人员，以减少不必要的人员伤亡。

4. 泄漏控制

易燃化学品的泄漏处理不当，随时都有可能转化为火灾爆炸事故，而火灾爆炸事故又常因泄漏事故蔓延而扩大。因此，及时有效的控制危险化学品泄漏对成功扑救火灾极其重要，主要分为泄漏源的控制和泄漏物的处理。

5. 现场急救

① 选择有利地形设置急救点（一般应设在事故地点的上风向开阔处）；

② 作好自身及伤病员的个体防护；

③ 防止发生继发性损害；

④ 应至少 2～3 人为一组集体行动，以便相互照应；

⑤ 所用的救援器材需具备防爆功能。

6. 火灾控制

危险化学品种类繁多，理化性质迥异，不同种类的化学物质扑救的方法差异很大，因此在扑救危险化学品火灾时应首先详细理解危险化学品的种类和特性，否则不但不能成功扑救，反而造成火势的扩大。

(1) 灭火方法和灭火器的正确选用。常用的灭火方法包括隔离、冷却、窒息和化学抑制四种方法。

① 隔离法就是将可燃物与着火源隔离开来，燃烧会因此而停止。如泡沫灭火剂产生密度相对轻、黏着力强的泡沫，在可燃物表明形成气密性覆盖层，将可燃物与燃烧区隔离。

② 冷却法就是将燃烧物的温度降至着火点以下，使燃烧停止。或者将临近火场的可燃物温度降低，避免扩大形成新的燃烧条件，如常用的水、干冰进行灭火。

③ 窒息法就是减少或消除燃烧的条件之一，即燃烧所必需的助燃物（空气、氧气、氧化剂），使燃烧停止。如二氧化碳、泡沫灭火剂就是将可燃物与助燃物分开达到灭火的目的。

④ 化学抑制法就是使用氟、氯、溴的卤族化学灭火剂或干粉灭火剂喷向火焰，让灭火剂参与燃烧，并在燃烧中放出某种离子与游离基（O·、H·、OH·）碰撞，使活化分子惰性化，燃烧中的连锁反应中断，直至燃烧物完全停止。

(2) 灭火器的选择。

① 扑救 A 类火灾即固体燃烧的火灾应选用水型、泡沫、磷酸铵盐干粉、卤代烷型灭火器。

② 扑救 B 类即液体火灾和可熔化的固体物质火灾应选用干粉、泡沫、卤代烷、二氧化碳型灭火器（这里值得注意的是，化学泡沫灭火器不能灭 B 类极性溶剂火灾，因为化学泡沫与有机溶剂按触，泡沫会迅速被吸收，使泡沫很快消失，这样就不能起到灭火的作

用，醇、醛、酮、醚、酯等都属于极性溶剂）。

③ 扑救C类火灾即气体燃烧的火灾应选用干粉、卤代烷、二氧化碳型灭火器。

④ 扑救带电火灾应选用卤代烷、二氧化碳、干粉型灭火器。

⑤ 对D类火灾即金属燃烧的火灾，就我国目前情况来说，还没有定型的灭火器产品。目前国外灭D类的灭火器主要有粉装石墨灭火器和灭金属火灾专用干粉灭火器。在国内尚未定型生产灭火器和灭火剂的情况下可采用干沙或铸铁沫灭火。

二、电气安全事故的控制

电气安全事故是危险化学品企业安全工作主要防范和管理的对象之一。当发现有人触电时，首先要尽快使触电者安全脱离电源，然后再根据具体情况，采取相应的急救措施。

（一）使触电者脱离电源

（1）如果开关或按钮距离触电地点很近，应迅速拉开开关，切断电源。但是要注意一般灯开关或接线开关只控制单线，且不一定是相线，因此还要拉开前一级的铡刀开关。

（2）如果开关距离触电地点很远，不能立即打开时，应视具体情况采取相应措施。如可用绝缘手钳或用干燥木柄的斧、刀、铁锹等把电线切断；如电线是搭在触电者身上的，可用干燥的木板、竹竿或带有绝缘柄的其他工具，迅速把电线挑开，千万不能使用任何金属棒或湿的东西去挑电线，以免救护人触电；如果触电者的衣服是干燥的，又不紧缠在身上，救护人员可站在干燥的木板上，或用干衣服、干围巾等把自己一只手作严格绝缘包裹，然后用这一只手拉触电人的衣服，把他拉离带电体，这只适用于低压触电，而且拖拉是不能触及触电者皮肤的；如是高空触电，还应采取措施防止触电者高空坠落。

（3）高压触电脱离。在高压线路或设备上触电应立即通知有关

部门断电，在拖拉触电者时应戴上绝缘手套，穿绝缘靴，使用适合该挡电压的绝缘工具，按顺序打开开关或切断电源。在帮助触电者脱离电源时，救护人员不能直接用手、金属或潮湿的物体作为救护工具，救护人员最好一只手操作，以防止自身触电。高空触电还要防止触电者发生摔伤事故。

（二）伤员脱离电源后的处理

（1）触电不太严重，触电伤员如神志清醒者，或触电后一度昏迷，但已经清醒者，应使其就地平躺，严密监视，暂时不要站立或走动。

（2）触电较严重，触电者如神志不清但有心跳、呼吸，应就地仰面躺开，解开衣扣和腰带确保气道通畅，并用5秒的时间间隔呼叫伤员或轻拍其肩部，以判断伤员是否意识丧失。禁止摆动伤员头部呼叫伤员。坚持就地正确抢救，并尽快联系医院进行抢救。

（3）触电相当严重，触电者已停止呼吸，应立即进行人工呼吸；如触电者心跳和呼吸都已停止，人完全失去知觉，应同时做人工呼吸和心脏按压进行抢救。

三、中毒事故的控制

危险化学品的急性中毒，大多是在现场突然发生异常情况时，由于设备损坏或泄漏导致大量毒物泄漏造成，若能及时、正确的抢救，对于挽救重危中毒者生命、减轻中毒程度、防止合并症状的产生具有十分重要的意义。急性中毒的现场抢救一般应遵循以下原则。

1. 救护者做好个人防护

救护者在进人毒物区抢救之前，首先要做好个人呼吸系统和皮肤的防护，佩戴好供氧式防毒面具，穿好防护服。否则不但不能成功救护中毒者，救护者也会中毒。

2. 切断毒物来源

危险化学品企业中许多毒物具有扩散性，因此救护者在抢救中毒者之前应首先将毒物来源切断，如关闭泄漏管道的阀门、停止加送物料、堵塞泄漏设备等。对于已经扩散的毒物，应立即启动通风排毒设施或开启门、窗等措施，有效降低空气中有毒物质的浓度，为抢救工作创造有利条件。

3. 对中毒者进行急救

（1）尽快清除未被吸收的毒物：将中毒者移至通风处，脱去受污染的衣服、鞋、袜等；清洗被污染的皮肤、除去污染的衣服、脱离有毒的场所或催吐、洗胃、导泻、灌肠以清除食入的毒物。

（2）除中毒症状外，还应检查有无外伤、骨折、内出血等症状；搬运患者时，要使患者侧卧或仰卧，保持头低位，并注意保温；患者呼吸停止时，应进行人工呼吸或使用苏醒器。

（3）防止毒物吸收：在催吐、洗胃过程中或其后，给予拮抗剂以抑制未被吸收的毒物发生作用，以减低毒性或防止吸收。例如强酸中毒可用弱碱（石灰水上清液、肥皂水）中和，强碱中毒可用弱酸（1%醋酸、果子水）中和，日常饮的豆浆、牛奶或蛋清也有中和酸、碱作用和保护肠胃道黏膜作用，并常用作金属毒物的拮抗剂。浓茶可以沉淀某些毒物。

（4）对症治疗，预防并发症。根据病人出现的症状如惊厥、呼吸困难、循环衰竭等给予对症治疗，支持病人渡过危险阶段，争取及早康复。

第四章

危险化学品企业班组安全管理内容

安全是预知人类活动的各个领域里所存在的固有的或潜在的危险，并且为消除这些危险所采取的各种方法、手段和行动的总称。企业安全卫生管理，是为实现安全生产而组织和使用人力、物力和财力等各种物质资源的过程，它利用、组织、指挥、控制和协调等管理职能，在法律制度、组织管理、技术和教育等方面采取综合措施，控制人、机、环境的不安全因素，避免发生伤亡事故和职业病，保证职工的生命安全和健康，实现安全生产。其中“人”指企业职工；“机”指与生产活动相关的设备、设施、工具和材料、产品等；“环境”指生产过程中的作业环境和周边环境。

本章主要介绍了危险化学品企业的安全管理规章制度、班组安全管理的基本内容以及提高班组安全管理的基本对策等。

第一节 安全管理制度

安全管理规章制度基本上可分为三大类：一是以安全生产责任制为核心的全厂性安全生产总则；二是各种单项制度，如安全生产教育制度、安全检查制度等；三是岗位操作规程。

危险化学品企业应制定健全的安全生产管理制度，并发放到有关的工作岗位，规范从业人员的安全行为。包括：①安全生产责任制度；②安全培训教育制度；③安全检查和隐患整改管理制度；④安全检维修管理制度；⑤安全作业管理制度；⑥危险化学品安全管理制度；⑦生产设施安全管理制度；⑧安全投入保障制度；⑨劳动防护用品（具）和保健品发放管理制度；⑩事故管理制度；⑪职业卫生管理制度；⑫仓库、罐区安全管理制度；⑬安全生产会议管理制度；⑭剧毒化学品安全管理制度；⑮安全生产奖惩管理制度；⑯防火、防爆、防尘、防毒管理制度；⑰消防管理制度；⑱禁火、禁烟管理制度；⑲特种作业人员管理制度等。

一、安全生产责任制

企业安全生产责任制是企业岗位责任制的一个组成部分。它根据“管生产必须管安全”的原则，综合各种安全生产管理、安全操作制度，对企业各级领导、各职能部门、有关工程技术人员和生产工人在生产中应负的安全责任作出明确的规定。

安全生产责任制也是企业中最基本的一项安全制度，是所有劳动保护规章制度的核心。有了这项制度，就能把安全生产从组织领导上统一起来，把“管生产必须管安全”的原则从制度上确定下来。这样，劳动保护工作才能做到事事有人管、层层有专责，使领导干部和广大职工分工协作，共同努力，认真负责地做好劳动保护工作，保证安全生产，是其他各项安全生产规章制度得到实施的基本保证。安全生产责任制与奖惩制度的结合，也是加强安全生产规章制度教育的一个重要手段，对提高干部职工执行安全生产规章制度的自觉性，作用是很大的。同时，有了安全生产责任制，在出了工伤事故以后，就能比较清楚地分析事故，弄清从管理到操作各方面的责任，对吸取教训、搞好整改、避免事故重复发生，是一项制度保证。

总的来说，企业主要负责人要对本单位的安全生产全面负责，履行《安全生产法》规定的职责；各级负责人要按照“谁主管谁负责”的原则对分管的工作范围的安全管理负责，做到“五同时”，即在计划、布置、检查、总结、评比生产的同时要计划、布置、检查、总结和评比安全工作；总工程师负责具体领导本单位安全技术工作，对本单位的安全生产负技术领导责任；安全管理人员具体负责安全生产的“监督、检查、督导、指导、培训、教育”等。从业人员对自己岗位的安全生产负责。整个企业一盘棋，把安全工作纳入生产经营管理活动的各个环节，实现全员、全面、全过程的安全管理。

二、安全培训教育制度

《劳动法》明确规定：用人单位必须“对劳动者进行安全卫生

教育”。安全教育是指对职工进行安全生产法律、法规及安全技术知识等方面的教育。安全教育是企业安全管理工作的重要内容，是实现安全生产、文明生产、提高职工安全意识和安全素质、防止产生不安全行为、减少人为失误的重要途径。我国当前的现状是很多企业的设备、设施及物的安全状态尚未达到本质安全的程度，坚持不懈地加强安全教育尤为重要。通过对从业人员进行安全教育、培训，强化他们的安全意识，增长安全知识，提高安全技能，提高人的安全素质，从而提高人的行为安全性，降低失误和事故率。

1. 管理人员培训教育

企业主要负责人和安全生产管理人员，必须由有关主管部门对其安全生产知识和管理能力考核合格后方可任职。其他管理人员（包括职能部门负责人、基层单位负责人）、专业工程技术人员的安全培训教育由企业人事、教育部门会同安全生产监督管理部门，按干部管理权限分层次组织实施，经考核合格后方能任职。安全培训教育的主要内容有：

(1) 国家安全生产方针、法律、法规和标准；

(2) 企业安全生产规章制度及职责；

(3) 安全管理、安全技术、职业卫生等知识；

(4) 有关事故案例及事故应急管理等。

对班组长，作为企业最基层的管理者，也应该具有较高的安全素质，掌握与自己工作有关的安全技术知识、劳动卫生知识。班组

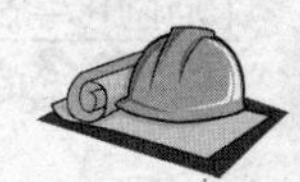

长要具备熟练的安全操作技能，不仅自己操作正确，还能帮助班组成员避免失误；班组长了解本班组和一些岗位的危险因素、安全操作注意事项，了解有关事故案例及事故抢救与应急处理措施。班组长通过安全教育，在具备了较全面的安全技术知识、熟练的安全操作技能的基础上，还应具备以下安全文化素质：强烈的班组安全需求，即把安全作为班组活动的重要内容，不仅自己不违章操作，还能够抵制违章指挥；认真地履行职责，坚持班前开会进行危险预警，班中生产进行巡回安全检查，班后交班进行安全总结；较强的应急处理能力，在出现异常情况时，能够果断地采取应急措施，把事故消灭在萌芽状态或尽力减少事故造成的损失。

2. 从业人员培训教育

企业应对从业人员进行安全培训教育和基本功训练，并经考核合格，保证其具备必要的安全生产知识和能力，熟悉有关的安全生产规章制度和安全操作规程，掌握本岗位的安全操作技能。

特种作业人员必须按照国家有关规定经专门的安全作业培训，取得特种作业操作资格证书，方可上岗作业，并按规定参加复审。特种作业是指在劳动过程中容易发生人员伤亡事故，对操作者本人、他人及周围设施的安全可能造成重大危害的作业。特种作业包括：电工作业、焊接与热切割作业、企业内机动车辆作业、制冷与空调作业、高处作业、爆破作业、矿山作业、危险化学品作业、烟花爆竹作业、民用爆破器材作业、起重机械作业、电梯作业、锅炉作业、压力容器作业、压力管道运行操作作业、锅炉压力容器压力管道无损检测作业、客运索道作业、大型游乐设施作业、经国家安监总局认定的其他作业。

特种作业人员是指直接从事特种作业的人员。由于特种作业人员所从事的作业一般危险性较大，容易发生伤亡事故，因此，《安全生产法》第二十三条规定："生产经营单位的特种作业人员必须按照国家有关规定经专门的安全作业培训，取得特种作业操作资格证书，方可上岗作业。"

从事危险化学品运输的驾驶员、船员、装卸管理人员、押运人员应进行有关安全知识培训；驾驶员、船员、装卸管理人员、押运人员必须经所在地区的市级人民政府交通部门考核合格（船员经海事管理机构考核合格），取得上岗资格证，方可上岗作业。

新工艺、新技术、新装置、新产品投产前，其主管部门应组织编制新的安全操作规程，并进行专门培训。有关人员经考核合格后，方可上岗操作。

未经安全培训教育的从业人员，或培训考核不合格者，不得上岗。

3. 新从业人员培训教育

新从业人员，必须进行三级安全教育，即：厂（公司）、车间（工段、区、队）、班组安全培训教育。厂（公司）安全培训教育内容主要是：

（1）有关的法律、法规；

（2）安全生产和职业卫生基本知识；

（3）本单位安全生产规章制度、劳动纪律；

（4）作业场所存在的风险、防范措施及事故应急措施；

（5）有关事故案例等。

厂（公司）安全培训教育时间不少于24学时。

车间（工段）安全培训教育内容主要是：

（1）本车间（工段、区、队）安全生产特点；

（2）安全生产规章制度和安全操作规程；

（3）作业场所和工作岗位存在的风险及防范措施；

（4）典型事故案例及事故应急措施等。

车间（工段）安全培训教育时间不少于24学时。

班组安全培训教育内容主要是：

（1）岗位生产工艺流程、生产设备、岗位安全操作规程及安全注意事项；

（2）安全装置、劳动防护用品（用具）的性能、作用及正确使用方法；

（3）岗位事故预防措施，事故案例等。

班组安全教育时间不少于 8 学时。

4. 其他人员培训教育

从业人员转岗、干部顶岗以及脱离岗位六个月以上者，应进行车间（工段）、班组安全培训教育，经考核合格后，方可从事新岗位工作。

企业应对外来参观、学习等人员进行有关安全规定及安全注意事项的培训教育。

企业应对外来施工单位的作业人员进行入厂安全培训教育，经考核合格发放入厂证。进入作业现场前，应由作业现场所在单位对其进行进入现场前安全培训教育。

三、生产设施安全管理制度

企业应制定生产设施安全管理制度，建立生产设施台账，对生产设施进行规范化管理，保证生产设施的安全运行。

（1）企业的各种安全设施应有专人负责管理，定期检查和维护保养。安全设施应编入设备检修计划，定期检修。安全设施不得随意拆除、挪用或弃置不用，因检修拆除的，检修完毕后应立即复原。

企业应根据危险化学品的种类、特性，在车间、库房等作业场所设置相应的监测、通风、防晒、调温、防火、灭火、防爆、泄压、防毒、消毒、中和、防潮、防雷、防静电、防腐、防渗漏、防护围堤或者隔离操作等安全设施、设备，并按照国家标准和有关规定进行维护、保养，保证符合安全运行要求。

（2）企业应建立特种设备台账和档案，定期检测，证件齐全。特种设备操作人员应持证上岗。

（3）企业应制定监视和测量设备管理制度，建立监视和测量设备台账，定期进行校准和维护，并保存校准和维护活动的记录。

四、安全作业管理制度

1. 作业证

企业应对动火作业、进入受限空间作业、破土作业、临时用电作业、高处作业等危险性作业实施作业许可证管理，履行严格的审批手续。

2. 警示标志

企业应在易燃易爆、有毒有害场所的醒目位置张贴警示标志和告知牌；在检维修、施工、吊装等作业现场设置警戒区域和警示标志；产生职业危害的企业，应在醒目位置设置公告栏，公布有关职业危害防治的规章制度、操作规程、职业危害事故应急救援措施和作业场所职业危害因素检测结果；应在可能产生严重职业危害作业岗位的醒目位置设置警示标志和警示说明，告知产生职业危害的种类、后果、预防及应急救治措施等内容。

3. 直接作业环节

企业应对动火作业、进入受限空间作业、临时用电作业、高处作业、起重作业、破土作业、施工作业、高温作业等直接作业环节进行风险分析，制定控制措施，配备、使用安全防护用品（具），配备监护人员，规范现场安全生产行为。

应建立承包商管理制度，对承包商资格预审、选择、开工前准备、作业过程监督、表现评价、续用等进行管理，建立合格承包商名录和档案。对承包商施工作业现场进行安全管理，发现问题提出整改要求，提高承包商的安全生产水平。

制定和履行严格的危险化学品储存、出入库安全管理制度及运输、装卸安全管理制度，规范作业行为，减少事故发生。

五、安全检维修管理制度

为确保检维修的安全，企业制定安全检维修制度。必须按指定

的范围、方法、步骤进行，不得随意超越、更改或遗漏。不论大修、中修、小修，都必须集中指挥、统筹安排、统一调度、严格纪律，坚决贯彻执行各项制度，认真操作，保证质量，加强现场的监督和检查。

为保证检维修的安全，检维修前必须准备好安全及消防用具使之完好。检维修中，听从现场指挥人员及安全员的指导，穿戴好个人防护用品，不得无故离岗、打闹嬉笑、任意抛物。拆下的部件要按方案移往指定地点，每次上班前，先要查看工程进度和环境情况有无异常。检修负责人应在班前开碰头会布置安全检维修事项。如在检维修过程中发现异常情况，应及时汇报，加强联系，经检查确认安全后才能继续检修，不得擅自处理。

六、危险化学品管理制度

企业必须有健全的安全管理制度和安全生产操作规程。成立以公司主要负责人组成的安全生产管理机构，并设置安全管理部门。员工必须接受有关法律、法规、规章和安全知识、专业技术、职业卫生防护和应急救援知识的培训，并经考核合格方可上岗作业。

企业在生产、储存、使用危险化学品场所设置相应的安全设施、设备，并按照国家标准和国家有关规定进行维护、保养，保证符合安全运行要求。在生产、储存和使用场所设置通信、报警装置，并保证在任何情况下处于正常使用状态。编写切实可行的事故应急预案，并每年进行1～2次演练，确保安全生产。有毒现场必须备有防护、防毒器材及救治药品。建立事故档案，按照“四不放过”要求，认真处理，保护有效记录。

七、职业卫生管理制度

职业危害管埋措施如下。

(1) 建立健全职业卫生规章制度和操作规程；

（2）制订职业危害防治计划和实施方案；

（3）建立健全职业卫生档案；

企业应确保使用有毒物品作业场所与生活区分开，作业场所不得住人；应将有害作业与无害作业分开，高毒作业场所与其他作业场所隔离。

企业应在可能发生急性职业损伤的有毒有害作业场所按规定设置警示标志、报警设施、冲洗设施、防护急救器具专柜，设置应急撤离通道和必要的泄险区，定期检查，并记录。

企业应建立生产作业场所职业危害因素检测制度，定期对作业场所进行检测，在检测点设置标识牌予以告知，并存入职业卫生档案。

八、安全检查和隐患整改管理制度

职业安全卫生检查制度是清除隐患、防止事故、改善劳动条件的重要手段，是企业职业安全卫生管理工作的一项重要内容。通过职业安全卫生检查可以发现企业及生产过程中的危险因素，以便有计划地采取措施，保证安全生产。企业应建立安全检查制度，定期进行检查、考核，保证安全生产方针和目标的实现，保证安全标准化的有效实施。

安全检查的主要任务是查找不安全因素，提出消除或控制不安全因素的方法、措施。企业的安全检查应有明确的目的、要求、内容和具体计划。各种安全检查均应编制相应的《安全检查表》。

1. 安全检查形式与内容

企业应根据安全检查计划，定期或不定期地开展综合检查、专业检查、季节性检查和日常检查。

（1）综合检查（包括节假日检查）应由相关级别的负责人负责，有关人员参加。厂级安全检查每年不少于四次，车间级的安全检查每月不少于一次，班组级安全检查每周不少于一次。

（2）专业检查应分别由各专业部门的负责人组织本系统人员进

行，每年不少于两次。主要是对锅炉及压力容器、危险物品、电气装置、机械设备、厂房建筑、运输车辆、安全装置以及防火防爆、防尘防毒等进行专业检查。

（3）季节性检查分别由各业务部门的负责人，根据当地的地理和气候特点组织本系统人员对防火防爆、防雨防洪、防雷电、防暑降温、防风及防冻保暖工作等，进行预防性季节检查。

（4）日常检查分岗位工人检查和管理人员巡回检查。岗位工人上岗应认真履行岗位安全生产责任制，进行交接班检查和班中巡回检查；各级管理人员应在各自的业务范围内进行检查。

各种安全检查均应按相应的《安全检查表》逐项检查，并与责任制挂钩。

2. 隐患整改

企业应对各种安全检查所查出的隐患进行原因分析，制定整改措施及时整改，并对隐患整改情况进行验证。

（1）对事故隐患，应下达《隐患整改通知书》，做到“四定”（即定措施、定负责人、定资金来源、定完成期限）。

（2）企业无力解决的重大事故隐患，除采取有效防范措施外，应书面向企业隶属的直接主管部门和当地政府报告。

（3）对不具备整改条件的重大事故隐患，必须采取应急防范措施，并纳入计划，限期解决或停产。

（4）各级检查组织和人员应将检查出的隐患和整改情况报告上一级主管部门，重大隐患及整改情况应由安全技术部门汇总并存档。

九、事故管理制度

1. 事故报告

企业应明确事故报告制度和程序。发生生产安全事故后，事故现场有关人员除立即处理外，应按规定和程序报告本单位有关负责人及有关部门。

本单位负责人接到事故报告后，应当迅速采取有效措施，组织抢救，防止事故扩大，减少人员伤亡和财产损失，并按照国家有关规定立即如实报告当地安全生产监督管理部门。

2. 抢险与救护

企业发生生产安全事故后，应迅速启动应急救援预案，积极抢救、妥善处理，以防止事故的蔓延扩大。发生重大事故时，企业负责人应直接指挥，安全技术、设备动力、生产、防火、保卫等部门应协助做好现场抢救和警戒工作，保护事故现场。

对有害物大量外泄的事故或火灾事故现场，必须设警戒线，抢救人员应佩戴好防护器具，对中毒、烧伤、烫伤等人员应及时进行抢救处理。

3. 事故调查和处理

发生生产安全事故后，企业应当按照国家有关法规的要求，按照事故的不同类别、等级，组建事故调查组，进行事故调查或配合上级部门的事故调查。企业应明确事故调查人员的能力、职责与权力。

事故调查处理应实事求是、尊重科学，按照“四不放过”（事故原因未查明不放过、责任人未处理不放过、整改措施未落实不放过、有关人员未受到教育不放过）的原则进行处理。

事故分析应包括整理分析有关证据、资料，确定事故发生的时间、地点、经过，确定事故的直接原因和间接原因，事故责任分析等。

事故调查处理提出的预防措施应包括工程技术措施、培训教育措施和管理措施。

事故调查组负责编制事故调查报告，包括事故基本情况，事故经过，原因分析，事故教训及预防措施，事故责任分析及对事故责任者的处理意见等。

企业应建立事故台账。内容包括事故时间、事故类别、伤亡人数、损失大小、事故经过、救援过程、事故教训和“四不放过”处理等内容。

十、剧毒化学品管理制度

为了加强对剧毒危险化学品的安全管理，保障人民生命、财产安全，保护环境，依据国家有关法律、法规、规章和标准，企业应该制定本企业剧毒化学品安全管理制度，建立检查台账，并负责组织对制度执行情况的监督调查。

① 剧毒化学品的储存、使用部门单位，应当对剧毒化学品的流向、储存量和用途如实记录，并采取必要的保障措施，防止剧毒化学品被盗、丢失、误用；发现剧毒化学品被盗、丢失、误用时，必须立即向公司和当地公安机关报告。

② 剧毒危险化学品的包装必须符合国家法律、法规、规章的规定和国家标准的要求。剧毒危险化学品包装的材质、型式、规格和单件质量（重量），应当与所包装的剧毒危险化学品的性质和用途相适应，便于装卸、运输和储存。

③ 剧毒危险化学品的包装物、容器，必须由质检部门认可的专业检测、检验机构检测、检验合格，方可使用。重复使用的剧毒危险化学品包装物、容器在使用前，应当进行检查。

④ 剧毒危险化学品必须储存在专用仓库、专用场地或者专用储存室（以下统称专用仓库）内，储存方式、方法与储存数量必须符合国家标准，并由专人管理。剧毒危险化学品出入库，仓库必须进行核查登记，剧毒危险化学品应当定期检查。

⑤ 剧毒化学品必须在专用仓库内单独存放，实行严格的保管制度。企业应当将剧毒化学品的数量、地点以及管理人员的情况，报当地公安部门和负责危险化学品安全监督管理综合工作的部门备案。

⑥ 剧毒危险化学品专用仓库，应当设置警示标志、有毒气体泄漏检测报警仪、通风设施和防护用品。储存设备和安全设施应当定期检测。

⑦ 职能部门、生产单位和仓储单位应定期进行安全检查，生

产、仓储岗位必须定时进行巡回检查，确保生产、使用、运输、储存安全。

⑧ 剧毒危险化学品生产、储存、使用、运输岗位必须按规定配备劳动防护用品、消防器材和其他专用安全设施。

⑨ 从事剧毒危险化学品工作的人员，必须经培训合格，并持证上岗。

十一、劳动防护用品管理制度

企业应根据接触危害的种类、强度，为从业人员提供符合国家标准或行业标准的个体防护用品和器具，并监督、教育从业人员按照使用规则佩戴、使用。

各种防护器具应定点存放在安全、方便的地方，并有专人负责保管，定期校验和维护，每次校验后应记录或签封，主管人员应经常检查。

企业应建立职业卫生防护设施及个体防护用品管理台账，加强对劳动防护用品使用情况的检查监督，凡不按规定使用劳动防护用品者不得上岗作业。

第二节 班组安全管理基本内容

班组是企业的细胞，是企业安全生产的前沿阵地，是加强企业管理，搞好安全生产的基础。切实搞好班组安全管理是强化企业基础管理的重要内容之一，也是搞好企业劳动保护，减少员工伤亡事故，实现安全生产最切实有效的办法。班组安全工作管理的好坏，将直接影响企业的经济效益和持续发展。因此，在安全生产管理过程中，只有加强班组安全管理，搞好安全生产运行，树立起“安全

是相对的，危险是永存的，事故是可以避免的”科学理念，才能为企业可持续发展提供根本保障。

一、班组安全管理的重要性及目前班组安全管理中存在的问题

（一）充分认识班组安全管理的重要性

（1）班组是工业企业的基层组织，是加强企业管理，搞好安全生产的基础。国家有关安全生产的方针、政策、法规、条例等最终都要在班组里落实。企业生产管理中的一系列安全措施、控制措施，都要依靠班组长组织员工具体实施。设备设施都要由班组员工去正确操作和维护。总之，整个企业要靠班组来维持正常运行。

（2）班组安全管理是企业管理的一个重要组成部分。管理是一种无形资产、无形财富，作为一个优秀的班组长，应该做到管得起、理得顺、统人心、出效益。尤其是在飞速发展的二十一世纪，班组长除了做好日常管理以外，还要学习现代企业管理的理论和方法。

（3）在企业里，绝大部分事故发生在班组。班组长做为“兵头将尾”，对控制事故发生起着非常重要的作用。如果班组长管理不善，或责任心不强，对违章违纪听之任之，发生事故的概率将大大增加。

(4) 班组是一个完善的组织机构，麻雀虽小，五脏俱全。班组长既是基层管理者，也是中层管理干部的重要来源，许多优秀的车间主任、科长，甚至厂长，都来自于班组长。

(5) 班组日常管理是一个大杂烩，质量、安全、生产、工艺、劳动纪律、员工关系……一应俱全。班组是一个锻炼人才的摇篮，经历了酸甜苦辣的磨炼，才能胜任今后更加复杂、更加高层的管理。

(二) 班组安全管理中存在的问题

(1) 认识不到位。

班组安全管理工作搞得好不好，直接影响到企业的整个安全管理大局，班组长要放开手脚，大胆管理，把安全工作做细、做好、做实。

(2) 责任不到位。

班组安全管理应落实责任人。班组长作为一班之长应是本班第一责任人，应义不容辞地挑起全班安全管理重担。班组安全员应协助班长具体抓好班组安全工作，成为班组安全管理的骨干，每个班员都应责无旁贷地承担起岗位上的安全生产责任。

(3) 检查不到位。

作为班组长和安全员，在生产中要认真履行职责，敢抓敢管，在班前要督促班员严格穿戴好劳保用品；在班中要进行仔细的安全巡检，制止和纠正各种违章现象，及时发现隐患并提出整改措施及时整改；在班后要细致检查设备、水、电、气开关、阀门、门窗，确保设备的安全。部分班组安全工作流于形式，做表面文章，没有把安全管理和安全培训真正植根于班组中。如：检查往往查出的问题是记录不及时；漏（代）签名；提问答不出等。

(4) 活动不到位。

班组应该开展一些实实在在、寓教于乐的活动，以活动推进班组安全管理，提高班员的安全意识，增强班组的战斗力和凝聚力。例如，有些班组在安全活动中只泛泛地读读有关文件和资料，甚至编造学习记录，致使反映在记录本上的员工个人讨论发言内容空而

大。这必将会导致员工的安全意识淡薄，安全水平也就难以提高。

（5）教育不到位。

班组应针对自身生产特点建立健全安全生产管理制度，用制度来约束、规范班员的行为，确保班组生产安全。抓好安全教育，引导班员变“要我安全”为“我要安全”，不断提高班组人员的安全生产意识，使班员自觉、主动地参与班组安全管理。但目前有许多班组员工主动学习安全知识、业务理论的积极性不高，危险辨识和预知内容不具体。班前会危险因素分析不全，开展危险预知活动不主动。

（6）激励、考核不到位。

班组应设置公示栏，对公司的重要决策、方针政策、绩效考核、完成任务情况、奖金分配等敏感性话题进行公示。让职工及时了解信息，上、下得到沟通。严格考核、奖罚分明是管理中有力的杠杆，运用得当可以起到事半功倍的效果，在班组安全管理上必须运用有效手段，保障安全制度措施落到实处，在生产中对违章的班员要不留情面给予批评教育甚至重罚，对遵章守纪的班员给予奖励，通过“德、能、勤、绩”对班员进行严格考核，与年终评、模评先挂钩，并公开考核的结果，让大家一起来监督。鼓励先进，鞭策后进，形成你追我赶，比、学、赶、帮、超的好局面。但在许多班组仍然是吃大锅饭，考核、激励都流于形式。

（7）整改不到位。

在班组安全管理上，最可怕的是对隐患视而不见，见而不改，麻木不仁。因此要坚决摒弃以上陋习，不论是上级检查，还是班组自己检查，都应及时整改。

二、班组安全管理的基本内容

班组安全管理是指为了保障每个职工在劳动过程中的安全与健康，保护班组所使用的设备、装置、工具等财产不受意外损失而采取的综合性措施，主要包括建立健全以岗位责任制为核心的班组安全生产规章制度、安全生产技术规范等。

（一）安全教育与训练

班组成员大多处于生产一线，接触职业危害、危险的概率很高，因此要经常对班组成员进行安全教育与训练，使他们在牢固树立"安全第一"的思想，在掌握安全知识的基础上，提高安全操作技术水平。

班组职工的安全教育是个艰巨而长期的工作，要用科学的方法，合理、规范、持之以恒地开展，应围绕着职工素质教育、纪律教育和思想教育去展开。培训的重点放在本班组的岗位安全操作规程上，使每个职工对自己岗位的安全规章制度了如指掌。另外，在日常工作中要纠正班组职工的习惯性违章行为。这种违章行为有它的隐蔽性，长期以来都不被职工所意识到，如开行车方向盘不回零位，处理一些小故障不关闭联动开关等。班组长要根据本班组的岗位操作情况，以标准操作为准绳，与每个职工的操作程序进行对照，坚决杜绝习惯性违章。要充分发挥班组名誉组员的作用，每个月让他们对班组职工进行一次安全法规、法纪的教育。

（二）安全目标管理

安全目标管理是根据企业实际情况制定的一定时期的安全总目标，并合理地分解、落实到每个班组以至每个职工。目标要明确、具体。实行安全目标管理，是加强班组安全管理的有效措施。为了发挥班组安全目标管理的功能，实现企业安全生产经营目标的良性循环，必须注重安全目标的制定、分解、实施、考核、保证五个环节。

1. 安全目标的制定

安全目标的制定要切合实际。要在企业总体目标的指导下，形成个人向班组、班组向车间和车间向企业负责的层次管理。

（1）直接目标。根据车间或企业下达的产量、质量、安全、环保、工艺指标、设备完好率等来确定安全直接目标；

（2）相邻目标。根据工作中上道工序和下道工序、以及其他部门、班组的业务联系和服务要求来确定安全相邻目标；

（3）文化建设目标。根据企业有关部门的布置，拟定遵章守纪、文明礼貌、行为规范、文化教育等方面内容来确定安全文化建设目标。

2. 安全目标的分解

安全目标的分解要着重于展开、逐个落实。使企业、车间对班组的各项安全管理工作都能够简便化、统一化、正规化地全面展开。

对具体目标要做到量值数据化。班组的安全管理、安全教育、安全活动、隐患整改都要用数值反映，用定量为主的数据指标代替定性为主的形式内容，使班组安全目标反馈出的各种数据真实、清晰、完整、准确。

3. 安全目标的实施

安全目标确定、分解以后，就必须着重加强相互之间的责任感，激发班组全员潜在的积极性、创造性、主动性。努力实现班组安全管理方法科学化、内容规范化、基础工作制度化。

（1）以安全责任制促进安全目标的落实。要把考核个人的主要经济技术指标与安全工作目标纳入岗位安全责任制中，以“百分制”或其他方式进行考核，其内容应该是公共性指标和班组安全方针目标；

（2）以小指标单项竞赛促进安全目标的实施。要应用激励的方法，组织班组成员开展“比学赶帮超”活动，如增产赛、降耗赛、连运赛、岗位练兵、安全合理化建议、查隐患堵漏洞等。

4. 安全目标的考核

班组安全目标的考核要和安全责任制挂钩。要避免考核时重“硬”轻“软”的倾向，更不能以“硬”指标掩盖或取代“软”指标。

（1）安全检查。即每个月对安全目标进行检查。由车间组织专人查，或工会组长牵头查，或班长组织兼职安全员查；

（2）安全考核。在考核中，一是要从严从实，二是要认真把关，对于经济技术指标和班组安全管理指标，严格按照定量要求进行考核，做到不降标准、不漏项目；对于安全文化建设方面的定性指标，则要特别注意考核知识技能、进取精神、劳动态度、团结协作等。

5. 安保体系的形成

班组必须有确定的安全保证体系，即组织网络保证、物质措施保证等。

（1）企业各级领导要充分认识班组在安全工作中的地位和作用，把心沉下去，一头扎入班组，树立为一线、为班组服务的思想。

（2）要有一个高度事业心和责任感的班组长。班组长既要懂生产、精技术、通安全、熟管理，又要有一套灵活的工作方法。同时，企业各级领导要注意在政治上关心他们，使他们真正有职、有责、有权、有利。

总之，班组安全目标管理，是整个班组安全建设中的重要组成部分，只有把班组的安全目标实现了，企业的安全基础才能夯实，才能在安全生产中显示出“细胞”的强大生命力。

（三）安全规章制度和班组安全管理档案

1. 安全规章制度

安全规章制度是班组安全管理的一个重要组成部分，是保证班组生产安全和不出现违章违纪的依据。可以说，安全方面的规章制度是血的教训、前人的经验总结。为此，班组长和班组成员都应熟知安全规章制度，特别是生产一线的人员，要认真理解、熟悉、掌握和贯彻这些规章制度，并经常将自己的行为与规章制度进行比照，找出问题，不断改进，提高自己遵章守纪的自觉性。

2. 班组安全管理档案

建立班组安全档案，对班组安全工作会起到一个全面推进的作

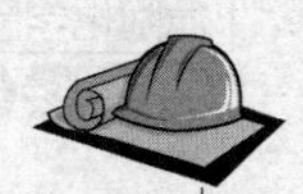

用。档案的健全，对班组安全整体工作一目了然，做到心中有数，有利于及时完善不健全的规章，起到拾遗补漏的效果。具体说来要建立以下5个档案。

(1) 职工安全学习的档案。这里面包括职工学习安全知识的内容、安全持证上岗的情况等，对班组职工的学习情况有一个总体的把握；

(2) 建立岗位设备的档案。其中登记详细的零部件的更换日期、数量、螺丝坚固及使用期限，这样既可以知道设备的运转周期和各部件的润滑、更换的准确情况，而且为降低消耗提供了科学的依据；

(3) 建立危险点的档案。危险点的管理等于抓住了安全工作的根本，这里面包括危险点的责任签订和检查等，都要完整地记录在案；

(4) 安全隐患整改的档案。包括班组所有岗位的扶手、栏杆、设备故障、窗、门的完好、作业工具的坚固耐用等，对班组职工发现安全隐患要有奖励制度；

(5) 建立防火防爆的档案。对班组工作区域内的防火防爆器械是否有定点设置、专人保养、定位放置以及标示图和记录须加以记录，防火防爆器材的定期更换也须记录。

(四) 安全工器具、劳动防护用品管理

安全工器具和劳动防护用品质量的可靠性直接关系到职工在生产过程中的生命安全和身体健康。因此，强化安全工器具和劳动防护用品的管理已成为企业安全管理的一个重要内容。班组应根据生产性质、工种、作业环境等生产实际情况，按规定和需要配备足够的、合格的安全工器具和劳动防护用品，并按有关规定进行管理、使用、检查和维修；要定期检验，不合格的要及时报修或更换。班组长和安全员应负责指导班组成员正确使用安全工器具，讲解其工作原理和性能，督促班组成员按规定穿戴防护用品，并加以妥善保管。

安全工器具虽属工器具的范畴，但它的质量水平，如机械强度、绝缘性能、温度特性等，直接关系到作业人员的生命安全和生产设备的安全使用。因此，所配备的安全工器具必须是经过国家有关检测部门鉴定合格的产品。使用中，要对所有的安全工器具实行定置管理，按号入座，要按类别分别建立安全工器具管理档案，做到一一对应，并及时登记检验、试验日期、检验情况和结果。

个人防护用品有安全帽、安全带、防护眼镜、绝缘鞋等，按工种发放给个人保管使用。对这类防护用品，要注意做到建立个人账卡，定期检验，并按规定期限发新换旧。

对于劳动保护用品，如工作服、手套、口罩、耳塞等，班组长或安全员应根据班组成员所从事的工种、作业条件和接触有毒有害物质的情况，按企业管理部门的有关规定，领取所需的劳动保护用品。要防止将劳动保护用品变相为人人都有的福利待遇；提供的个人防护用品要在生产中按要求使用，实现它的效用，并做好监督检查；班组长要为在有毒、有害、高温场所作业的班组成员领取保健品。

（五）事故调查分析上报

由于在人、物、环境、管理等因素中始终潜藏着不安全因素，因此事故的发生是不可避免的。对事故进行分析研究，找出发生事故的原因，进而采取针对性的防范措施，杜绝类似事故的重复发生，是班组安全管理工作的重要内容。

一旦发生事故，班组长首先要指挥人员抢救伤员，对其进行正确、及时的现场救护，并采取措施防止事故的进一步扩大，同时立即报告车间；其次要组织人员保护好事故现场，以便根据现场情况对事故发生的原因作深入的调查分析。

班组发生事故或出现一般伤害、异常、差错时，班组长作为班组安全的第一负责人，应切实遵循“四不放过”的原则，对有管人员进行教育。

三、提高班组安全管理的基本对策

班组安全管理只有紧紧围绕生产第一线的班组来进行，才能有效地控制、减少事故的发生，要抓住班组范围小、人员少、生产比较单一、工艺比较接近、班组成员对生产现场十分了解、有共同语言的特点，实行有效的管理，而且在管理中应坚持目的性原则、民主性原则和规范性原则。

（一）参与管理

在实际工作中，班组工作一直以来对制度的宣贯、班组活动、安排施工任务和安全督查等工作都是由班组长一人来进行部署和主控实施。在这种情况下，就会存在班组员工认为班组管理是班组长一个人的事，自己只要按班组长安排的工作任务完成就行，对于其他的事不关己，用不着去操心。有这样的想法，这必将会削弱班组员工的凝聚力和向心力。其实，班组管理是我们班组成员共同的事，它与我们每一名员工息息相关。由此，我们只有创新工作管理方式，全力提高班组员工的大局意识、主动意识，充分激发他们的聪明才智，使他们积极投身到班组建设中来，共同参与班组管理工作方是我们当前之策。

1. 全员参与，人人当一次制度宣贯员

规章制度是企业规范员工行为的行为准则，是确保设备安全、人身安全的基础。再好、再严密的规章制度如得不到执行，那也仅是白纸一张。企业的一系列生产经营、安全措施、控制措施，都要依靠班组长组织员工具体实施，而班组长，却是控制事故发生的关键人物之一；对班组而言，以往的制度宣贯工作是由班组长主持进行的，作为班组长在宣贯之前对上述问题是细心思考过的。但对于员工来讲，可能没有几个员工会从心去考虑、去思考。至此，我们应让每一名员工当一次制度宣贯员，在班组会上去主持一次宣贯工作。通过此项活动，有利于提高员工主动去对制度进行认识和思

考，也有利于员工加深对制度的印象，真正使制度渗入到每一名员工的心理。

2. 全员参与，人人当一次班组活动主持人

班组活动是班组总结经验、分析不足、克服问题的重要形式之一，它是班组进一步提高经营、安全管理水平的重要举措。在班组长的指导下，人人当一次班组活动主持人，会使即将要主持会议的员工去实实在在地去关注班组的经营和安全工作情况，站在班组的立场上去主动地分析存在的不足和问题，从中发挥他们自己的潜能，在工作上提出新思路和好办法。其次，对班组活动记录做到不指定，让大家轮流进行，相互学习提高。通过此项活动，有利于班组员工在语言表达能力和写作能力上的锻炼，更有利于员工广阔思维，主动参与班组管理的积极性。

3. 全员参与，人人当一次现场指挥员

现场是班组员工的长期阵地，是事故发生的最直接场所。对班组而言，现场指挥涉及对设备、对他人、对自己的安全。由此，这就需要我们具有相当的现场安全分析能力，对每一名员工的技术素质的掌握和具有综合考虑能力，分工布置周密的能力。所谓一个人的思维是有限的，共同参与才能保证万无一失。在班组长的指导下，人人当一次工作现场指挥员，这会激发每一名员工真正地去计划施工方案，去用心分析现场可能存在的不安全因素，去主动掌握和了解每一名员工的技术技能和知道需在工作中要注意的事项。通过此项活动，有利于班组员工掌握班组管理工作的全面性，有利于进一步增强班组员工的责任感，更有利于促使员工克服“违章、麻痹、不负责任”的不良行为。

4. 全员参与，人人当一次安全督察员

安全是企业的生命线，是员工生命的保障。在化工安全事故中，大都是因“违章、麻痹、不负责任”而造成的，给企业，给家庭带来无法弥补的损失和灾难。人人当一次安全督察员，就是让员工充分认识安全生产对企业、对他人，对自己，对家庭的重要性。

从而去认真检查每一名员工在工作中是否严格按照制度、规程进行作业？是否按要求佩戴安全工器具和防护用品？在工作现场是否存在安全隐患等。其次，班组长要释放权利，对查处的隐患由安全督查员进行讲评，并由其制定惩罚措施。通过此项活动，能有效使员工熟悉规章制度的内容和切实把握每一项工作流程中的安全环节，更有利于使每一名员工在以后的工作中去坚决杜绝违章和克服随意性。

（二）班组安全管理要坚持以人为本，建立完善的员工培训体系

一切管理活动的核心是人，班组要实现有效的安全管理，必须以人为本，充分调动人的积极性、主动性。抓安全，抓根本，就是要抓“人”。所以，班组安全管理的首要任务就是教育班组成员，认真学习领会有关安全的规程制度，遵守规章制度，接受已有事故教训，克服麻痹思想。安全生产中的每一项工作，人是第一要素，而且是生产要素中最活跃的，必须采取有效手段提高员工的整体素质。要积极开展人员岗位技能培训，经常组织员工学习《安全生产法》、《设备运行规程》、《安全生产工作规定》、《安全生产工作奖惩规定》等规章制度。经过学习培训、考试，使全体员工能熟练掌握各项规章制度，把“遵章守纪，杜绝违章”成为一种习惯，更好地适应岗位需求。通过培训使员工能及时掌握各种安全操作规程、安全生产法规，使其具备一定的安全素质，增强岗位适应能力。其次，结合安全生产实际，开展行之有效的技术比武、岗位练兵等安全文化活动，以此激发员工自觉钻研业务技能，掌握专业技能的积极性，进一步提高员工爱企强企意识，争做有理想、有道德、有文化、有纪律的热情员工。使员工在心理扎牢安全防线，把遵章守纪变成为一种习惯，从“要我安全”到“我要安全”，“我会安全”上的转变。

（三）建立完善的安全检查制度

班组应认真组织召开班前会和班后会，搞好安全日活动，建立

安全档案，严格执行安全教育制度、安全岗位培训制度、安全检查制度、安全生产考核制度及各种安全、技术规程。

班组安全工作管理要以制度作保证，班组应建立完善的安全检查制度。

（1）劳保用品穿戴的检查。长期以来，劳保用品的穿戴出现了重衣服不重裤子和鞋子的状况，一般检查也都看是否穿工作服，只有到夏季才强调不穿拖鞋上班，这种情况应在班组中就得到杜绝。

（2）班前岗位的设备检查。要建立严格的交接班制度，对设备的油量，螺丝、电线、开关等所有可能出故障的因素进行细致检查，然后签字交接上岗，班组长要对交接上岗的记录进行检查。

（3）防火防爆的检查。防火的岗位、设备以及防火防爆的器材要做到每日必查，不能有丝毫的大意，要确保万无一失。

（4）要有严格的专项检查制度。专项检查应该分为危险点、安全隐患的检查和班中巡回检查、季度抽查等内容，几项检查多管齐下，就能有效地绷紧职工头脑中的安全这根弦。

（四）强化安全细节管理，提高班组安全管理水平

“大概”的安全管理是管理水平低下的体现，也是目前影响安全管理的根本原因之一。“细”，就是安全工作要做得细。班组在生产中对安全工作要做到勤检查、细检查，使每个操作环节，每一次交接班都符合安全生产的规范要求。班组成员在生产过程中要努力做到不忽视每一处疑点，不放过每一个隐患，及时准确地发现问题，把事故苗头消灭在萌芽状态。

（五）积极营造浓厚的班组学习氛围，提倡“学习工作化，工作学习化”和团队精神

以独特的班组文化来感染、激励、鼓舞职工，以学习形式多样化、生动化来吸引职工。由职工的兴趣爱好和特长引发求知欲望。强调学习针对性和有效性。构筑班组“第二课堂”的新格局。提倡

一专多能、一岗多证、超前跨岗学知识，寻求体现自我价值的机会。拓宽多种渠道：如班组读书课堂、学习研讨、合理化建议、岗位知识互帮互学等，形成能者为师，人人是教师，人人是学生的学习模式。实现学习对象全员性。班组以“三自”即：实施“自我发现问题、自我学习提高、自我解决问题”的自主型管理方法，促进班组管理创新和整体素质提高。

把工作过程看成是学习的过程，通过工作过程中的自我批评，信息反馈和交流共享，达到真正的学习效果。同样，对待学习如同对待工作一样。班组成员不仅仅是进行生产，更重要的是学习和研究创造。使班组具有应变的竞争优势。

第三节 班组日常安全管理

企业应开展班组安全活动，做好基本功训练。安全活动应有针对性、科学性，做到经常化、制度化、规范化，防止流于形式和走过场。班组安全活动应有负责人、有计划、有内容、有记录。管理人员和安全生产管理人员应对安全活动记录进行检查、签字，各级管理人员应定期参加班组安全活动。

一、班前会和班后会

班组在每日工作的开始实施阶段和结束总结阶段，应自始至终地认真贯彻“五同时”，即班组长在计划、布置、检查、总结、考核生产的同时，进行计划、布置、检查、总结、考核安全工作，把安全指标与生产指标一起进行检查考核。因此，认真开好班前、班后会，做到每日安全工作程序化，即班前布置安全、班后检查安全，将安全工作列为班前会、班后会的重点内容。

1. 班前会

班前会时间一般为正点上班前 20min。班前会内容：班长（或组长）带领全班（组）员工列队到车间指定位置学习公司的工作作风、经营理念以及其他基本的公司规则；针对本班不足宣读员工守则的有效条款以示警戒；对前一段班组工作中的不足和其他问题展开讨论，分析论证，拿出正确可行的解决方案；布置本班组的生产计划、质量和工作目标；充分强调生产中应注意的安全注意事项。其特点是时间短、内容集中，针对性强。

为组织开好班前会，班组长每天要提前到岗，查看上一班的工作记录，听取上一班班组长的交班情况，了解设备操作情况、有无异常现象和缺陷存在、是否进行过检修等，然后进行现场巡回检查。班组长要对当天的生产任务、相应的安全措施、需使用的安全工器具等做到心中有数，对承担工作任务的班组成员的技术能力、责任心要有足够的了解。在班前会上要突出"三交"（即交任务、交安全、交措施）和"三查"（即查工作着装、查精神状态、查个人防护用品），并针对当天生产任务的特点、设备运行状况、作业环境等，有针对性地提出安全注意事项。对因故没有参加班前会的个别班组成员，班组长应事后对此人补课交底，防止意外。

2. 班后会

班后会是一天结束或告一段落，在下班前由班组长主持召开的一次班组会。班后会以讲评的方式，在总结、检查生产任务的同时，总结、检查安全工作，并提出整改意见。班前会是班后会的前提和基础，班后会是班前会的继续和发展。

班后会上，班组长要简明扼要地小结当天完成生产任务和执行安全规程的情况，既要肯定好的方面，又要找出存在的问题和不足；对工作中认真执行规章制度、表现突出的班组成员要进行表扬，对违章指挥、违章作业的人员视情节轻重和造成后果的大小，提出批评或考核处罚；对人员安排、操作方法、安全事项提出改进意见，对操作中发生的不安全因素、职业危害提出防范措施。

《安全生产工作规定》第 8 章例行工作中第 55 条班前会和班后

会的要求规定，班前会：接班（开工）前，结合当班运行方式和工作任务，做好危险点分析，布置安全措施，交代注意事项；班后会：总结讲评当班工作和安全情况，表扬好人好事，批评忽视安全、违章作业等不良现象，并做好记录。但在实际中常常让班前会和班后会流于形式。那么如何在实际安全生产中充分发挥“两会”的作用？

首先，要充分认识班前会和班后会在安全管理中的作用。安全管理是为了防止事故的发生而进行的一系列管理工作，实际上也是为防止事故发生而做的一些超前性工作。班前会是把人们从比较清闲的生活状态进行一次迅速的收拢，使之思想注意力进行一个转变。班前会除了安排当日的工作外，更重要的一个内容就是结合当日具体工作进行安全思想教育和安全措施的交代布置，保证安全顺利完成当日的工作；班后会则是对工作完成情况和安全上存在的问题进行总结。班前会可以说每次上班都和大家敲响一次安全的警钟；而班后会则可以总结当日工作的经验和教训，防止类似错误的重复发生。更重要的一点，它可以不断发现工作中的危险点，为今后的工作打下基础。我们知道，无论任何岗位，危险点查找都不是一朝一夕的事情，是一项长期性的工作。班后会就是一种行之有效的手段。因此，班前会和班后会最大的特点就是强调了安全上的超前管理、警钟长鸣和经验教训的总结，而这些工作又是我们安全管理必须做好的工作。

其次，班前会和班后会必须注重实效。班前会和班后会在安全管理上起着重要的作用，那么如何才能最大限度地发挥它的作用呢？关键就是注重“两会”的实效，也就是说扎扎实实开好“两会”使之不流于形式。“两会”不但要结合实际还要开诚布公，充分发挥每个人在安全管理上的作用。开工前针对工作的危险点进行强调，提高大家的重视程度；对上次工作中存在的问题进行提醒，避免在工作中发生同类的错误。在班后会上，要认真进行总结，对工作中的不安全因素和违章行为要提出来，做到不留死角，对工作中发现的新的危险点要认真做好记录，并制定出相应的措施，在下次进行的同类工作中作为重点进行落实安全措施。

最后一点就是要坚持，把班前会和班后会作为日常工作必不可少的一个工作内容。任何一项好的措施必须坚持，安全管理是一项长期性的工作，不可能一蹴而就，因此它要求人们无论在什么时候都要坚持常抓不懈，班前会班后会也是如此，不能有厌倦心理，更不能摆花架子，否则就会失去它应有的作用。

二、安全检查

安全检查是日常安全工作的重要部分，是广泛动员和组织班组成员搞好安全生产工作的有效方法，是发现日常生产中不安全隐患、改善劳动条件的重要手段。通过对生产工艺、机器设备、作业环境、管理制度和操作方法在内的整个生产体系的检查，可以发现并纠正生产过程中存在的不安全行为，发现并改造不安全的环境和危险因素，将发生事故的可能性降至最小，即使出现故障或事故，也可以迅速排除或得以有效控制。

安全检查的内容有：

(1) 检查职工是否树立“安全第一”的思想，安全责任心是否强，是否掌握安全操作技能和自觉遵守安全技术操作规程以及各种安全生产制度，对于不安全的行为是否敢于纠正和制止，是否严格遵守劳动纪律，是否做到安全文明生产。

(2) 检查本班组对安全生产工作的认识是否正确，是否建立和执行了班组安全生产责任制，是否贯彻执行了安全生产“五同时”，对伤亡事故是否坚持做到了“四不放过”，特种作业人员是否经过培训、考核、凭证操作，班组的各项安全规章制度是否建立与健全，并严格贯彻执行。

(3) 检查生产现场是否存在物的不安全状态。

① 检查设备的安全防护装置是否良好。防护罩、防护栏(网)、保险装置、联锁装置、指示报警装置等是否齐全灵敏有效，接地（接零）是否完好。

② 检查设备、设施、工具、附件是否有缺陷。制动装置是否有效，安全间距是否合乎要求，机械强度、电气线路是否老化、破损、超重吊具与绳索是否符合安全规范要求，设备是否带“病”运转和超负荷运转。

③ 检查易燃易爆物品和剧毒物品的储存、运输、发放和使用情况，是否严格执行了制度，通风、照明、防火等是否符合安全要求。

④ 检查生产作业场所和施工现场有哪些不安全因素。有无安全出口，登高扶梯、平台是否符合安全标准，产品的堆放、工具的摆放、设备的安全距离、操作者安全活动范围、电气线路的走向和距离是否符合安全要求，危险区域是否有护栏和明显标志等。

(4) 检查职工在生产过程中是否存在不安全行为和不安全的操作。

① 检查有无忽视安全技术操作规程的现象。比如：操作无依据、没有安全指令、人为的损坏安全装置或弃之不用，冒险进入危险场所，对运转中的机械装置进行注油、检查、修理、焊接和清扫等。

② 检查有无违反劳动纪律的现象。比如：在作业场所工作时间开玩笑、打闹、精神不集中、脱岗、睡岗、串岗；滥用机械设备或车辆等。

③ 检查日常生产中有无误操作、误处理的现象。比如：在运输、起重、修理等作业时信号不清、警报不鸣；对重物、高温、高压、易燃、易爆物品等作了错误处理；使用了有缺陷的工具、器具、起重设备、车辆等。

④ 检查个人劳动防护用品的穿戴和使用情况。比如：进入工作现场是否正确穿戴防护服、鞋、面具、眼镜等；电工、电焊工等电气操作。

⑤ 查事故处理。主要是检查事故单位对伤亡事故是否及时报告、认真调查、严肃处理。在检查中，如发现未按“四不放过”的要求草率处理的事故，要重新严肃处理，从中找出原因，采取有效

措施，防止类似事故重复发生。

三、安全日活动

班组的安全直接影响到企业的安全生产，所以企业必须认真抓好班组安全日活动，使班组安全教育做到制度化、规范化、经常化，真正收到实效，促进班组人员安全素质的提高，进一步夯实安全生产基础。搞好班组安全日活动的对策如下。

1. 提高认识强化领导

各级、各单位的主要领导要重视所属班组的周安全日活动，要亲自抓，要带头深入班组检查指导，并安排督促生产管理人员包班参加安全日活动，与班长及班组安全员共同组织好安全日活动。要认真听取职工对安全工作的意见和建议，并及时向上级反映。包班干部还要积极与职工一起对本单位的不安全现象分析原因、分清责任并对外单位事故教训进行讨论，起到警示和防患于未然的作用。

2. 发挥班长及班组安全员的作用

班长及安全员的职责之一，就是组织好每周定期的安全日活动。班长首先从思想上要高度重视安全日活动，要有正确的认识，对如何组织和安排安全活动要心中有数。要克服应付检查考核，做表面文章的错误倾向，使安全日活动切合实际；每次安全日活动前，班长应针对当前的安全形势和本单位的具体情况以及安全活动的主题，提出本班组学习讨论的提纲；学习讨论后要组织职工填写“安全日活动心得体会报告卡”，使安全日活动真正收到实效。

3. 活动形式要多样化

进行安全日活动的目的，就是要使班组职工受到教育、增强认识，提高安全思想、安全知识和安全技术水平，夯实班组安全基础。除组织职工学习安全文件、安全通报、事故快报外，特别对本班组发生的不安全现象或兄弟单位的事故教训，举一反三进行认真分析讨论；要鼓励职工参加讨论，个个进行表态发言。班组安全员

要将职工填写的“安全日活动心得体会报告卡”收集上报车间安全员。安全日活动要以班员为中心，却不能死气沉沉，不能搞班长或车间干部一言堂，要鼓励班组成员畅所欲言，集思广益。安全日活动可以采用现场会、座谈会、演讲、参观、培训讲课及电教片等多种形式，真正体现出班组安全活动既严肃认真又丰富多彩的特点，让大家充分享受安全活动的乐趣，提高班组成员对安全工作的认识。

4. 强化管理

各车间要根据厂安监处下发的每周安全日活动主题，明确本单位安全日活动的主要内容。凡是要求班组学习的安全文件、安全通报、事故快报及有关安全规定，必须在安全日活动前发至班组。对涉及该班组贯彻落实的，安全日活动后车间要组织考试，并及时上报安监处（安监办）。安监处（安监办）要组织不定期的调考或抽查考问，或职工互问互考等形式，促进班组安全日活动取得预期效果。

5. 加强监督检查

安监处组成若干督查小组，每周深入到班组检查安全日活动。要将安全日活动认真与否作为月度安全考核及年度安全先进集体评比条件之一。安全日活动督查小组要做好指导工作，并与班组职工一起对本厂或其他单位发生的事故进行分析讨论，重点是对故障原因进行分析，提出防范措施，加深职工的认识，提高自我保护能力。另外，要注意收集职工的意见和建议，发现并推广好的典型，交流和总结班组安全工作经验，在企业内部形成良好的安全氛围。

第五章

危险化学品企业班组现场安全管理

危险化学品企业是一个高风险的行业，几乎所有的生产、维修活动都存在这样那样的风险因素，强化作业现场的班组安全管理，将极大地推进企业安全管理体系的全面运行。作业现场是由人、物和环境所构成的一个生产场所，实际上也是一个"人工环境"。在这个人工环境里，日常生产运行中各种操作、开工、停工、检维修作业；生产作业人员；生产用的各种设备装置、原材料、产成品、各类工具和其他杂物，还有作为设备动力源的蒸汽、电、燃油等都构成了安全管理因素。班组作业现场的安全管理也就是从这几个因素着手，即对人的不安全行为的管理，对物的不安全状态的管理及对作业环境条件的调节和治理。

第一节 班组的标准化作业

班组的标准化管理是企业班组现场安全管理的一项非常重要的任务，就是结合生产实际制定班组各项安全标准，逐步实行标准化作业，即安全管理标准化，作业程序标准化，生产操作标准化，生产设备、安全设施标准化，作业环境、工具摆放标准化，安全用语、安全标志标准化，个体防护用品使用标准化。

标准化是一项综合性的基础工作，是技术规范化的一种表现形式。生产作业实行标准化、规范化，有利于对各项工作的管理；各项操作实行标准化，职工就会按照规定的程序和作业标准进行操作，准确无误地完成整个作业过程，从而保证整个企业的生产活动有条不紊地进行。

一、标准化作业的主要内容

按照工作人员（生产作业人员、检修人员、管理人员）的工作性质，标准化作业分为三个系列。每个系列要制定的标准化作业的主要内容有：作业顺序标准，生产操作标准，技术工艺标准，安全作业标准，设备维护标准，机、电设备标准，工具、器具标准，质量检验标准，文明生产标准，场地管理标准等。

1. 作业顺序标准

根据不同岗位、不同工种每项作业的职责要求，从生产准备、正常作业到作业结束的全过程，确定正确的操作顺序，使作业人员明确先做什么后做什么。新工人入厂时都必须严格进行三级安全教育：厂级安全教育、车间安全教育和班组安全教育。

2. 生产操作标准

根据不同工作岗位、不同工种生产作业的每个步骤，从具体操作动作和规范上规定作业人员应该怎么做，使作业人员行为规范化。动作应规定每个作业程序中所包含的动作要素和运动轨迹范围。作业位置、姿势和动作均应符合安全、舒适、准确、高效的要求。如：站立位置、姿势、肢体动作、行动范围，抬、扛等动作的规定。

3. 技术工艺标准

根据不同生产作业所涉及的原料、燃料等具有的不同理化特性，制定相应的技术要求及科学的工艺作业标准。

4. 安全作业标准

安全作业标准涉及操作标准化、设备管理标准化、生产环境标准化、人的行为标准化、物的管理标准化以及相适应的生产环境条件。

5. 设备维护标准

随着设备工作时间的增长，会出现磨损、老化的问题，需不断维护保养，及时更换易损的零部件，在标准中应有明确的规定。

6. 机、电设备标准

每台设备都要建立安全防护标准，明确规定设备完好状态的标准、安全防护设施的要求等，以消除物的不安全状态。

⑦ 工具、器具标准

与机、电设备相对应的工艺生产中使用的一切工具、器具等，均应达到良好的标准状态。

⑧ 质量检验标准

企业生产的产品、中间产品均应制定几何尺寸、理化特性、外观形状以及检验方法等标准。

⑨ 文明生产标准

根据文明生产要求，对作业场所所必须具备的照明、工业卫生条件、原材料及成品、半成品的运送和堆放、工具和消防设施管理等涉及的一切与文明生产有关的内容，均应有具体的规定。

⑩ 现场管理标准

根据企业生产和场地条件情况，对作业场所的通道、作业区域、护栏防护区域、物料堆放高度和宽度等，均应制定标准。指明有危险性的作业中如何进行安全操作，是作业标准中对安全工作的重点提示，即防止作业中发生危险，出现意外的操作要领。

二、作业标准的制定

标准化作业，就是研究、制定操作者在生产活动全过程中的程序和规范，以统一和优化的作业程序与标准，求得最佳操作质量。因此，作业标准的制定，是一个不断摸索和完善的过程，它随着生产工艺的改进、技术要求及管理水平的提高而不断完善。整个标准化的工作过程是：制定标准一执行标准一修改完善标准一执行新标准。每一次循环，各种效益都将进一步提高，并更符合客观实际的要求。

标准化作业标准制定的总原则是，系统地编制出操作者的岗位安全规程、技术规程、操作规程的作业顺序及动作标准，使每个职工达到工作有顺序、动作要标准、执行有考核，从而使人的不安全行为、物的不安全状态、环境的有害因素等得到控制。

作业标准的制定不是企业管理人员随意制定的，它需要根据岗位作业的内容，全面系统地考虑技术、设备、环境等作业条件，科学合理地编制作业顺序，及对每一项工作都要具体规定出先干什么、后干什么；根据作业内容和技术、设备、环境条件，规定操作动作及其应达到的标准，包括：作业准备标准，作业动作标准，工具器具位置和使用标准，作业用语和手势标准，作业衔接和协调标准，作业现场管理、整理、整顿标准，创造安全环境标准，并要制定该怎么干、干到什么程度的工作要求标准；以规章制度、规程为基础，具体规定出应该干什么、可以干什么、不准干什么的标准；要充分激励基层班组长与职工的安全需要和积极性，把他们的智慧与实践作业充分地反应在标准化作业中，使作业者记得住、学得会、用得上、愿意做。

三、实现班组标准化作业

标准化作业是从根本上保障劳动者安全与健康的重要措施，在宣传标准化作业时，要让广大职工充分认识这一点。标准化作业要求全体职工共同贯彻，要坚持高标准执行，所以必须抓好职工的培训教育工作，向职工宣传、讲解、推广标准化；职工要认真学习、领会标准化的实质，并通过培训，掌握、熟悉标准化作业的程序和要求。要使标准化作业的制定过程和执行过程成为一个发动职工群众和操作人员接受安全教育和培训的过程，使标准化作业的作用真正发挥出来，使“我要安全”真正变为“我会安全”。

标准化作业是班组安全管理的一项基础工作，也是现代科学管理的一项重要内容。在班组推行标准化作业，班组长是关键。在这项工作中，班组长要以身作则，不但自己要坚持高标准、严要求，还应与有关部门积极配合，在班组中大力推进标准化作业。首先要

大力宣传和提高职工对标准化作业的认识，提高安全意识；其次，要对职工进行安全管理和安全技术知识等的教育，使职工具备一定的安全作业技术；第三，要纠正以往作业中不正确或不规范的做法，养成安全作业的习惯；第四，制定标准化作业程序时，要总结以前的经验，让职工进行充分讨论，并要经过一段时间的实践，切不可想当然地规定几条导致最后无法实施。

不同的班组，生产的产品、生产工序、工种不尽相同，推行标准化作业要根据班组的生产实际进行，不能千篇一律，也不是管理层坐在办公室空想出来的。因此，要动员全体职工参加，以生产一线的工种为重点，从班组抓起，依靠有丰富实践经验的老职工为骨干，制定出各个岗位、各个工种的作业标准。先由职工自己制定，班组讨论定稿，然后上交管理标准化工作的有关部门审定，再返回班组实施。在实施过程中不断完善、不断优化，经过一段时间的实践后，认为切实可行，再以文件形式定为规范化的制度。

作为一项标准化的规范制度，班组必须采取有力的措施来保证其实施。由于传统思想、习惯做法的影响，职工对新的标准化作业制度可能会产生抵触，不愿或不肯自觉执行；有的职工还存在着不理解、怕麻烦的思想。因此，班组长及班组骨干成员要多做说服教育工作，讲清实行标准化作业的重要意义及其对职工自身安全的保证作用，使职工能自觉按照作业标准进行操作。

第二节 危险化学品企业现场防火防爆管理

危险化学品企业防火防爆是一项十分重要的安全工作。因为一旦发生火灾、爆炸事故，将会给企业带来一定的破坏，甚至造成人身伤亡、设备损坏、建筑物破坏；严重时还可能造成停产，而且需要较长时间才能恢复。它不仅要求各级领导和从事具有火灾危险工艺的职工做好防火防爆工作，而且要求每一个职工都应做好这项工作。对于危险化学品企业防火防爆的安全管理，必须按照“预防为主，防消结合”的原则，其具体措施包括防火防爆技术措施和组织管理措施两个方面。

一、防火防爆的技术措施

（一）控制可燃物

基本原理是限制燃烧的基础或缩小可能燃烧的范围。具体方法是：

（1）以难燃烧或不燃烧材料代替易燃或可燃材料。

（2）加强通风，保证易燃、易爆、有毒物品的在厂房内的浓度不至超过最高允许浓度，防止形成爆炸性混合物。

（3）对性质上相互作用能发生燃烧或爆炸的物品采取分开存放、隔离等措施。

（二）控制助燃物

基本原理是限制燃烧的助燃条件，具体方法是：

（1）防止物料泄漏和空气渗入。

（2）加强密闭。密闭有易燃、易爆物质的房间、压力容器和设备；使用易燃易爆物质的生产应在密闭设备管道中进行；对真空设备，应防止空气流入设备内部；开口容器、容积较大没有保护的玻璃瓶不允许储存易燃液体；不耐压的容器不能储存压缩气体和液体；对有燃烧爆炸危险物料的设备和管道，尽量采用焊接、减少法兰连接；输送易燃、易爆的气体、液体的管道，最好采用无缝钢管；接触高锰酸钾、氯酸钾、硝酸钾等粉状氧化剂的生产传动装置，要严加密封等。

（3）气体保护。就是利用氩气、氮气、氦气、二氧化碳、水蒸气、烟道气等气体对一般材料的反应惰性，用惰性气体把材料与空气隔离，达到阻止空气与材料反应的保护过程。惰性气体是指那些

化学性质不活泼、没有爆炸危险的气体。对有异常危险的生产采取充装惰性气体保护。

（4）隔绝空气储存。遇空气或受潮、受热极易自燃的物品，可以隔绝空气进行安全储存。如将二硫化碳、磷储存于水中，将金属钾、钠存于煤油中；新制造的液化石油气储罐、槽车、钢瓶在灌装时要先抽成真空；储罐、槽车、钢瓶里的液化石油气不能完全排放或使用完，应留有余压，并应将阀门关紧，不让余气跑掉等。

（5）清洗或置换设备和管道。对于加工、输送、储存可燃气体的设备、容器、机泵和管道等，在进气前必须用惰性气体置换其内部的空气，防止可燃气体进入时与空气形成爆炸性混合物。在停车前，同样需要用惰性气体置换掉设备内的可燃气体。特别是检修时需要动火或出现其他引火源时，设备内的可燃气体或蒸气，必须经置换、分析合格后，才能进行检修。对于盛放过易燃、可燃液体的桶、罐、容器以及其他设备，动火焊补修理前，必须用水或水蒸气将其中残余的液体及沉淀物彻底清洗干净。置换、清洗操作和动火分析均应符合操作规程的要求。

（三）控制溢料和泄漏

生产过程中防止溢料和泄漏，是防火防爆的重要措施。为控制溢料和泄漏，避免和减少发生火灾爆炸的危险，要在工艺指标控制、设备结构形式等方面采取措施：

（1）采取两级控制。为防止一些容量大的设备、容器或重要的设备发生物料泄漏事故，对重要的阀门应采取两级控制。

（2）设置远距离遥控断路阀。对于危险性大的装置，为在装置发生异常时能立即与其他装置隔离，应设置远距离遥控断路阀。为防止误操作对重要控制阀的管线应涂色，以示区别，或采取挂标志、加锁等措施。仪表配管也要涂上颜色加以区别。各管道上的阀门要保持一定的距离。

（3）防止管线振动。振动往往导致管线焊缝破裂。振动是由于机械性能原因和流体脉动造成的，也可能是由于气液相变化造成。

如输送气体时，有时因流量和温度等的变化引起冷凝液急速流动，会造成液击现象，从而出现意想不到的事故。因此，管线安装要牢固，尽量减少机械振动和液击现象。

（4）排放要注意安全。在生产过程中，为使装置正常运转，要进行排水、采样、抽液、排气等操作。操作时，要把气、液排放到装置外的安全地点。有些有机物，如硝基苯、硝基甲苯、苯胺、苯酐等蒸馏残液，有火灾爆炸危险，因此对此类有机物的排放应采用氮气或水蒸气保护。

（5）设备保温材料要有防渗漏的措施。保温材料不密闭，有可能渗入易燃物，在高温下达到一定的温度或遇明火就会发生燃烧。生产中保温材料采用泡沫水泥砖、膨胀蛭石、玻璃纤维、聚氨酯泡沫等材料，外涂水泥或包玻璃纤维布。这种结构易损坏，保温效果不良。一些有机物泄漏后易渗到保温夹层中，久而久之逐渐积累是很危险的。在苯酐生产中，物料由于渗入保温层中，曾引起爆炸事故。因此，对可能接触易燃物的保温材料要采取金属薄板包敷，或用塑料涂层等措施。

（四）消除着火源

在化工生产中，火源是一种必要的热能源，须科学的对待火源，既要保证安全地利用有益于生产的火源，又要设法消除能够引起火灾爆炸的火源。引起火灾爆炸事故的点火源有：明火、高热物及高温表面、电气火花、静电火花、冲击与摩擦、自燃发热等，要采取措施严格控制点火源。

（1）控制明火。在危险化学品企业生产车间，应有醒目的“禁止烟火”、“严禁吸烟”的标志。吸烟应到专设的吸烟室，不准乱扔烟头和火柴余烬，在易燃易爆场所不得使用蜡烛、火柴或普通灯具照明，应采用封闭式或防爆型电气照明，禁止携带火柴、打火机等进入生产车间；进入危险区的汽车、拖拉机等机动车辆，其废气排气管应戴防火帽，烟囱具有足够的高度；使用气焊、电焊、喷灯时，必须按照危险等级办理动火批准手续，在采取完备防护措施、

确保安全无误后方可动火作业，操作人员必须严格按照操作规程操作。

(2) 防止摩擦与撞击。摩擦与撞击产生的高温固体微粒也能引起火灾爆炸事故。防止火花生成的具体措施包括：①对机器上轴承等传动部件及时加润滑油，并经常清除附着的可燃污垢；②锤子、扳手、钳子等工具应用镀铜的钢制作；③为防止金属零件等落入设备里，在设备进料前应装磁力离析器，不宜使用磁力离析器的，应安装惰性气体保护；④输送气体或液体的管道，应定期进行耐压试验，防止破裂或接口松动喷射起火；⑤凡是撞击或摩擦的两部分都应采用不同的金属制成；⑥搬运金属容器，严禁在地上抛掷或拖拉，在容器可能碰撞的部位覆盖上不发生火花的材料；⑦防爆生产厂房，应禁止穿带铁钉的鞋，地面应采用不产生火花的材料。

(3) 防止电气火花　电火花具有较高温度，特别是电弧温度可达5000～6000℃，不仅能引起可燃物的燃烧，还能使金属熔化飞溅，构成新的火源。为了防止电火花的生成，应在具有燃烧、爆炸危险的场所，根据其危险等级选择合适的防爆电气设备或封闭式电气设备。要选用合格的电气产品，制定严格的操作规程及检查制度，建立经常性维修制度，保证电气设备正常运行。

(4) 防止日光照射和聚焦作用

对低温下能够自燃的物质要防止日光照射；防止盛装可燃液体和压缩气体、液化气体的容器受日光照射；注意防止日光的聚焦作用。

(5) 防止和控制绝热压缩的作用

空气压缩时，若压缩比 V_1/V_2 大于10，则被压缩的空气温度会达到463℃以上。这时被压缩的气体如果含有自燃点低的可燃气体或蒸气，就会被点燃而发生化学性的爆炸。

(五) 控制有火灾爆炸危险物质，预防形成爆炸性混合物

爆炸性混合物是导致工业企业火灾和爆炸事故的物质条件。当

爆炸性混合物遇到点火源时，在助燃物充足的条件下便会发生爆炸火灾事故。预防形成爆炸性混合物的措施有：以不燃或难燃材料代替可燃或易燃材料，提高耐火极限；加强通风，使可燃气体、蒸气或粉尘达不到爆炸极限；密闭设备，不使可燃物料泄漏和空气渗入；清洗置换设备系统，防止可燃物与空气形成爆炸性混合物；对遇到冷空气、水或受热容易自燃的物质，多采用隔绝空气储存；充装惰性气体，保护有易燃易爆危险的生产过程；隔离储存性质互相抵触的物质。

（六）工艺流程控制

工艺参数失控，常常是造成火灾爆炸事故的根源之一，所以严格控制各项工艺参数，是防火防爆的重要措施之一。控制工艺流程就是控制反应温度、压力，控制投料速度、配比、顺序以及原材料的纯度和副反应等。

1. 温度控制

危险化学品生产企业反应原理复杂，而且各种化学、物理化学反应都伴随着热量的变化。加热升温可以加速物质的反应速度，降温冷却可以使气体液化、混合气体分离，从而提高产品效率。但如果温度过高，反应物可能分解着火，造成压力升高，导致爆炸，有时甚至生成新的危险物质引起爆炸。温度过低时会造成反应速度减慢或停滞，而且一旦温度恢复正常，则往往因为未反应的物料过多而发生剧烈反应，引发爆炸。因此必须采取一定的措施向反应系统加入或移走一定的热量，即加热或冷却，将系统内的温度控制在适当的范围。

2. 化工企业应该在设计阶段做好自身以及车间、厂房、设备设施的防火防爆安全设计及安全评价工作，从源头控制火灾爆炸事故的发生。

采用本质安全设计，从过程设计、流程开发等源头上消除或降低过程的危害。

3. 投料控制

主要包括投料速度和数量、投料配比、投料顺序、原材料纯度。

二、防火防爆的组织管理措施

现在许多火灾爆炸事故的发生并非由于技术、工艺、设备落后所致，而是疏于管理造成的。所以，抓安全生产，必须在管理上下工夫。防火、防爆工作是一项涉及面广的系统工程，企业各级领导和每个职工都有责任做好相应的工作。企业的各职能部门都有自身的防火、防爆管理内容，各部门和车间应在厂长、经理的统一指挥下彼此有机配合、互相协调，在防火防爆工作上形成一个整体，做好工作，才能取得成效。依笔者之见，企业防火、防爆管理一般应包括如下一些工作内容和方法。

（一）建立、健全防火防爆管理制度

实践证明，完善的安全法规和管理制度，是预防、控制火灾爆炸的重要措施，制定防火、防爆制度时应依据国家和本行业有关法令、规范，结合企业具体情况。同时注意加大各项管理制度的落实，再好的规矩，不落实也形同虚设。现在不少单位的安全生产管理，少的并不是规矩，而是缺乏落实这些规矩的勇气和措施，因“人情”和懈怠，使这些规矩打了折扣。

（二）加强易燃易爆物品的管理

危险化学品企业对易燃易爆物品的管理应遵循以下原则：

（1）化学危险物品、剧毒物品在入库前，必须进行检查登记，

入库后应当定期检查。

（2）储存化学物品、剧毒物品的仓库，应当配备消防设施。

（3）化学危险物品、剧毒物品应当分类存放，它们之间的主要通道应有安全距离，不得超量储存。

（4）剧毒物品要专柜（保险柜）专人保管，领用时需经批准，准确登记用量，使用时应妥善保管，严格处理废液，防止中毒事故。

（5）进购和领用化学危险物品、剧毒物品要及时办妥手续，库内药物要随时保持账、物、卡相符。

（6）进购易燃易爆物品时，必须有产品安全说明书和防火灭火、安全储存的注意事项。

（7）易燃易爆物品必须设立专用仓库，不得超量储存。

（8）存放易燃易爆物品的仓库内，禁止吸烟，控制电源应经常检查，保证完好。

（三）加强对职工的安全教育

安全教育是企业安全管理的重要内容。许多危险化学品事故的发生都是由于作业人员缺乏安全知识，不遵守安全操作规程和安全规章制度等造成的。因此，消除控制人的不安全行为，必须从加强危险化学品的安全教育做起。

（四）完善的火灾爆炸事故应急预案

救援工作是危险化学品防火防爆安全管理的基本内容。危险化学品企业是危险化学品的直接操作者，事故概率大，潜在危害严重。为了保证企业安全生产的正常运行，企业必须结合生产实际，制订危险化学品事故应急救援预案，成立事故应急救援专业队伍，并定期组织职工进行预案的演练，提高员工的防灾、消灾意识。

三、班组作业现场防火防爆措施

班组作业现场防火防爆是一项非常重要的安全工作，特别是危

险化学品企业班组，工作人员每天都置身于具有火灾、爆炸危险的场所，如果不引起重视，将会带来很严重的后果。例如，有的班组员工不在工厂指定的安全地点抽烟，或者乱扔没有熄灭的烟头，就有可能引起火灾。再如使用电气，如果不按安全规定而超负荷使用，就有可能烧坏绝缘层，引起火灾。还有使用汽油、煤油等易燃油类，如果不遵守安全操作规程，也可能引起火灾。类似情况很多。因此，每一个职工，特别是生产一线的班组员工都必须掌握防火防爆的安全基础知识。

1. 危险化学品企业防火防爆危险区

危险化学品企业着火爆炸危险区域主要是在易燃易爆物料使用作业区、易燃易爆物料储存区、易燃易爆物料运输、装卸作业区、辅助作业区和行政管理区几个区域中，由于各自的设备、设施、功能和管理方法的不同，着火爆炸的危险程度、特点和概率也不同。根据着火爆炸发生必须同时具备的三个条件，从易燃易爆物、助燃物（如氧气）、点火源来分析，可以判断：

（1）易燃易爆物料储存区，蒸气在罐室、引洞、测量孔、透气管口等处易于积聚，但库区外来人员少，进出人员多为储存区工作人员，对火源控制严格，着火爆炸三要素难于聚齐，着火爆炸发生率低。

（2）易燃易爆物料使用作业区和装卸作业区，设备较多，工艺复杂，装卸作业频繁，油料跑、冒、滴、漏较常见，物料蒸气逸散积聚容易，爆炸危险区域范围大、等级高，而人员和车辆进出多且复杂，火种和点火源等危险因素多种多样，着火爆炸三要素随时都可能结合在一起发生事故。

（3）辅助作业区和行政管理区则是火源多，而相对缺少易燃易爆物料，因而不易具备着火爆炸的条件。并且，即使发生小容器中剩余物料或物料蒸气着火爆炸，其危险性和损失也较小。

2. 危险区作业班组应遵守的防火防爆守则

（1）避免易燃易爆物料失控和物料蒸气聚集。平时加强设备维护保养，杜绝设备滴漏；易燃易爆物料收发作业中加强责任心，勤检查，严格遵守设备操作规程，防止物料跑冒；作业时滴洒的物料及时清除；物料装卸时罐车罐口盖好石棉被，减少物料蒸气逸散；对泵房、发油棚进行机械通风或自然风，避免蒸气积聚。

（2）控制火源。对在装卸作业区的明火作业严格执行审批制度；落实安全措施和消防器材；现场值班员和安全员到位；在装卸作业区安装使用防爆电器；限制人员进出，杜绝打火机、电子器材、穿带钉子的鞋等进入现场；进出车辆的排气管戴防火罩，严禁现场修车，发油时连接好静电接地线；清除现场及周围油布、棉纱、枯草等可燃物。

（3）班组现场作业人员应具备一定的防火防爆知识，并严格执行防火防爆规章制度。禁止违章作业。

（4）应在指定的安全地点吸烟，严禁在工作现场和产区内吸烟和乱扔烟头。

（5）使用、运输、储存易燃易爆气体、液体和粉尘，一定要严格遵守安全操作规程。运输易爆物品必须遵守下列规定：运载的车辆必须符合运输规则的安全要求、严禁用拖拉机、电瓶车、摩托车、自动翻斗车运输易爆物品；易爆物品包装要牢固、严密，性质相抵触的不准混装在同一车厢，不准同时载运乘客和其他易燃易爆物品；装卸易爆物品时，应尽量在白天进行，并有专人负责组织和指导，装卸现场应设置警戒岗哨，禁止无关人员进入；在公路上运输易爆物品时，车辆应限速行驶，途中停歇时，应离建筑设施和居民区一百米以上，并有专人看管；运输易爆物品时，应派熟悉易爆物品性能的人员负责押运；装运易爆物品的车辆，要悬挂醒目的危险信号标志。

（6）在工作现场禁止随便动用明火。确需要使用时，必须报请主管部门批准，并做好安全防范工作。

（7）对于使用的电气设施，如发现绝缘破损、老化不堪、大量超负荷以及不符合防火防爆要求时，应停止使用，并报告领导给予解决。不得带故障运行，防止发生火灾、爆炸事故。

（8）建立防火防爆的档案。应学会使用一般的灭火工具和器

材。对于车间内配备的防火防爆工具、器材等，应爱护，不得随便挪动。对班组工作区域内的防火防爆器械是否有定点设置、专人保养、定位放置以及标示图和记录须加以记录，防火防爆器材的定期更换也须记录。

第三节 危险化学品企业作业现场防中毒管理

危险化学品企业生产工艺复杂、高温高压、过程连续，且大多数物料是易燃易爆、有毒有害的危险化学品，在生产、加工、储存、运输及使用等过程中，往往会伴随着有毒有害气体的产生，由此引发的中毒事故也时有发生。特别是近年来发生的重、特大中毒事故，后果极为严重，教训极其深刻，如 2004 年 4 月 15 日发生在重庆天原化工总厂的氯气泄露和爆炸事故，造成 9 人死亡，3 人受伤，15 万名群众被疏散。前车之鉴，后事之师。因此加强作业现场有害因素的管理和预防有着非常重要的意义。

一、危险化学品企业防中毒组织管理措施

（一）加强职业健康安全管理，堵塞管理漏洞

(1) 根据《职业病防治法》、《危险化学品管理条例》、《使用有毒物品作业场所劳动保护条例》、《工业企业设计卫生标准》、《工作场所有害因素职业接触限值》等法律法规和其他要求，在危害识别和风险评价的基础上，制定和完善各项有毒有害气体防护安全管理制度，并严格落实。

(2) 对有毒有害气体物质的分布情况进行调查摸底，绘制分布图，确定危险点，建立台账，进行重点防范，完善各种警示标识和警示说明，并悬挂在醒目位置，提醒进入现场作业人员，增强防范

意识。

(3) 加强对直接作业环节的管理，严格落实作业许可证制度。对涉及有毒有害气体的动火、进入受限空间、检维修等作业，都要严格进行化验分析，采取防范措施，落实监护人，办理作业许可证。

(4) 个体防护。接触有毒作业的工人需着特殊质地或式样的防护服。强酸、强碱作业者应着耐酸、耐碱工作服；接触有毒粉尘者应穿防尘工作服；接触局部作用强或经皮肤中毒危险性大的物质，应戴相应质地的防护手套；接触经皮肤进入能力强的化学物者，除工作服外尚应穿衬衣。毒物呈粉尘、烟、雾形态时，从业人员需使用机械过滤式防毒口罩；毒物呈气体、蒸气形态，宜使用化学过滤式防毒口罩或防毒面具。在毒物浓度过高或空气中氧含量过低的特殊作业情况下，应采用隔离操作或供氧（气）式防毒面具。作业环境毒污染严重，暂时又难以改善的作业，应合理安排劳动和调配劳力，进行轮换操作，减少劳动时间或缩短接触时间。

(5) 对易发生跑、冒、滴、漏的生产设备要加强维修和管理，各种防毒设备必须建立必要的操作规程和规章制度，特殊有毒作业应制定适宜的劳动制度与劳动组织形式。

在易泄漏有毒有害气体的危险点，按规范要求安装固定式有毒气体检测报警器，随时检测有毒气体的浓度并超标报警。另外要给岗位操作人员配备适量的便携式报警器，发现漏点，及时防范。按规范要求请有检测资质的部门对检测仪器进行定期校验。

(6) 加强对作业现场有毒有害气体的监测和告知工作

化学毒物应以易于为工人理解的方式另外加贴标签，以便提供关于其分类、危害以及应采用预防措施的基本资料。对于有害化学品，应向用人单位提供该化学品的安全使用说明书，其中列明关于其特性、供货人、分类、危害、预防措施、紧急程序、求救方式和联系电话等基本资料。在作业场所储存有毒物质的容器，都应贴上醒目的标签，以示该物质名称及危险性。如果能从供应或

生产者处获得该物质的材料安全数据单，应在该作业场所存放复印件以便工人查看。输送有毒物质的管道系统、设备、阀门、安全设施、泵及其他固定设备均应贴上标签或注明记号以识别所输送的有毒物质。检测数据出现异常时，要认真分析原因，及时采取对策。

（二）加强工艺和设备管理，实现本质安全

（1）替代。预防、控制化学品危害最理想的方法是不使用有毒有害和易燃易爆的化学品，但这一点有时做不到，通常的做法是选用无毒或低毒的化学品替代有毒有害的化学品，选用可燃化学品替代易燃化学品。例如，用甲苯替代喷漆和除漆用的苯，用脂肪族烃替代胶水或黏合剂中的苯等。

（2）变更工艺。虽然替代是控制化学品危害的首选方案，但是目前可供选择的替代品很有限，特别是因技术和经济方面的原因，不可避免地要生产、使用有害化学品。这时可通过变更工艺消除或降低化学品危害。如以往从乙炔制乙醛，采用汞做催化剂，现在发展为用乙烯为原料，通过氧化或氯化制乙醛，不需用汞做催化剂。通过变更工艺，彻底消除了汞的危害。再例如根据不同原油性质及其硫含量，优化加工方案和掺炼比例，完善工艺措施，控制或降低硫含量，严格工艺操作，避免超温、超压、超负荷。

（3）隔离。隔离就是通过封闭、设置屏障等措施，避免作业人员直接暴露于有害环境中。最常用的隔离方法是将生产或使用的设备完全封闭起来，使工人在操作中不接触化学品。隔离操作是另一种常用的隔离方法，简单地说，就是把生产设备与操作室隔离开。最简单的形式就是把生产设备的管线阀门、电控开关放在与生产地点完全隔开的操作室内。

（4）通风。通风是控制作业场所中有害气体、蒸气或粉尘最有效的措施。借助于有效的通风，使作业场所空气中有害气体、蒸气或粉尘的浓度低于安全浓度，以确保工人的身体健康，防止火灾、爆炸事故的发生。

通风分局部排风和全面通风两种。局部排风是把污染源罩起来，抽出污染空气，所需风量小，经济有效，并便于净化回收。全面通风亦称稀释通风，其原理是向作业场所提供新鲜空气，抽出污染空气，降低有害气体、蒸气或粉尘，在作业场所中的浓度。全面通风所需风量大，不能净化回收。

对于点式扩散源，可使用局部排风。使用局部排风时，应使污染源处于通风罩控制范围内。为了确保通风系统的高效率，通风系统设计的合理性十分重要。对于已安装的通风系统，要经常加以维护和保养，使其有效地发挥作用。

对于面式扩散源，要使用全面通风。采用全面通风时，在厂房设计阶段就要考虑空气流向等因素。因为全面通风的目的不是消除污染物，而是将污染物分散稀释，所以全面通风仅适合于低毒性作业场所，不适合于腐蚀性、污染物量大的作业场所。

(5) 新、改、扩建项目有毒有害气体防护设施与主体工程同时设计、同时施工、同时投入使用，从源头上消除中毒隐患。

(6) 对于高温、高压、易腐蚀、易泄漏的设备、管线及阀门，要加强监测和维护，杜绝跑、冒、滴、漏。

(三) 编制事故应急救援预案，不断演练和完善

(1) 作业人员受到意外中毒伤害时，及时准确的救护往往能使患者起死回生或最大限度地减轻伤害，这就要事先做出符合实际的中毒事故应急救援预案，并熟练掌握。

(2) 按照法规和制度要求，结合危险源识别和风险评价情况，制定出硫化氢、氯气等有毒有害气体泄漏中毒应急预案，组织对硫化氢、氯气等有毒有害气体泄漏中毒事故的演练。根据演练过程中暴露出的问题和不足对预案进行及时修订和完善，使之更加贴近实际，更具有可操作性。

(3) 对制订好的中毒事故应急预案，要组织好相关人员的学习培训，使之掌握应急预案的基本内容、操作程序清楚自己的职责，训练有素，才能在应急救援中协调一致发挥作用。

（4）加强气防站的建设，配备专业人员及气防车、通信工具、检测仪、空气呼吸器、防化服等救护设备，编制救护预案，进行实战演练，提高救护能力。

二、班组作业现场防中毒管理措施

纵观历来危险化学品企业发生的各类中毒事故，不难发现，各类中毒事故多半发生在生产一线的企业班组。造成中毒事故的主要原因除了工艺、设备上存在隐患，造成有毒有害物质泄露意外，更多的是：①安全意识淡薄，缺乏自我防护意识，对有毒有害物质的认识不足，采取措施不力；②规章制度不完善，管理不严，违章作业，没有正确使用安全防护用品，没有安排监护人。因此，只要我们采取有效的措施，作业现场防中毒是可以预防的。

（1）班组长要经常组织班组人员学习现代管理方法，掌握识险、避险和排险的技能，识别出本岗位、操作过程中存在的各种有毒有害因素及应采取的防护措施，真正做到作业之前先想安全，把预防为主的理念化为具体行动。

（2）认真学习有关法律法规、标准、规章制度，树立遵章守法意识，克服低标准、老毛病、坏习惯，避免违章指挥、违章作业和违反劳动纪律现象的发生。重视利用事故苗头和典型事故案例进行教育，举一反三，吸取事故教训，查改存在的各类隐患。

（3）开展气防大练兵活动，提高全员防范意识和自我保护技能，熟悉有毒有害气体的特性及危害知识，掌握预防中毒措施和急救方法，熟练正确使用各类防护器具，确保在事故状态下能自救和救护他人。

（4）注意卫生，卫生包括保持作业场所清洁和作业人员的个人卫生两个方面。经常清洗作业场所，对废物、溢出物加以适当处置，保持作业场所清洁，也能有效地预防和控制化学品危害。作业人员应养成良好的卫生习惯，防止有害物附着在皮肤上，防止有害物通过皮肤渗入体内。

第四节 危险化学品生产机械设备安全管理

化工生产是通过大量设备、管道来进行的，现代化工生产更是以机械化、自动化水平高为其特点，而这些机械设备又都是由人去操作的。就工艺生产设备而言，大致有塔（如精馏塔、合成塔、洗涤塔），炉（加热炉、裂解炉、焦炉、电解炉），釜（如反应釜、聚合釜、搪瓷釜），机（如压缩机、离心机、粉碎机），泵（如离心泵、真空泵），器（如换热器、冷却器），罐（如储罐、计量罐）等。此外，有车床、铣床、钻床等机械加工设备；送风机、排风机等采暖设备；变压器、整流器等电器设备；起重机、电梯、输送机等起重运输设备。在这样性能迥异、数量众多的设备进行生产活动的现场，如果我们的企业班组对其性能和危险性不了解，或防护不当，或工作时操作错误，或工作时注意力不集中，均可能造成伤害。危险化学品生产中发生的设备事故仍是相当频繁的，因此，掌握有关安全知识，提高管理和操作维护水平，确保生产设备和机器长期、安全、稳定地运行是至关重要的。

一、常用机械设备的安全防护

化工机械设备从种类、机型上细分很复杂，但这些设备大致可分为两大类：运转设备和静止设备。所谓运转设备，是在动力（电动机、汽轮机、柴油机等）的驱动下，设备的某个部件或几个部件能作旋转或往复运动，或机器整体移动；静止设备一般是没有这样的部件或零件，如一般的储罐、塔等。

（一）常用机械设备的危险性分析

这里主要分析运转设备的危险性，运转机械的运动形式，大致

可分为旋转运动和直线运动。

1. 旋转机件的危险性

（1）卷带和钩挂：操作人员的手套、上衣下摆、裤腿、鞋带以及长发等，若与旋转部件接触，易被卷进或带入机器，或者被旋转部件的凸出部位钩住、挂上而造成伤害。

（2）绞碾和挤压：齿轮传动机构、螺旋输送机构等，由于旋转部件有棱角或呈螺旋状，操作者的衣、裤和手、长发等易被绞进机器或因转动部件的挤压而造成伤害。

（3）刺割：铣刀、木工机械的圆盘锯、木工刨等旋转部件是刀具，很危险，作业人员若操作不当，接触到刀具就很容易被刺伤或割伤。

（4）打击：作旋转运动的部件，在运动中产生离心力，旋转速度非常快。如果部件有裂纹等缺陷，不能承受巨大的离心力便会破裂并高速飞出。若飞溅到操作人员的身体，伤害是非常严重的。

2. 直线运动机件的危险性

刀具或模具做直线运动，如果手误入此作业范围，就会造成伤害。属于这类设备的大致有如下几类。

（1）冲床类：冲床用于金属成型、冲压零部件等。它的危险性在于要用手将被加工材料送到冲头和模具之间，当冲头落下时，手未退出危险区域，则造成伤害。

（2）剪床类：用于剪切金属板材或型材等。其危险性与冲床相似，在送剪切材料时，手误入到上下作直线运动的刀具下面发生伤害。

（3）刨床和插床类：用于金属切削加工。在加工过程中，手不需要伸进去，同前两种设备相比，危险性较小。其危险发生在安装刀具的滑块作直线运动，或安装加工的工作台作往复直线运动，与操作人员的动作相撞。

（二）常用运转机械的安全防护

虽然常用运转机械的结构各异，其具体防护措施略有差别，但基本原理有共同之处，现将一般应遵循的原则介绍如下。

1. 密闭与隔离

针对前面分析的运转设备的危险性，对于传动装置，主要防护办法是将它们密闭起来，或者加防护罩，使人接触不到转动部位。

2. 安全连锁

为了保证操作人员的安全，有些设备应设连锁装置，当操作者动作错误时，可使设备不动作，或立即停车。

3. 紧急刹车

为了排除危险而采取的紧急措施。如橡胶加工厂的开放式炼胶机，轧辊作水平排列，操作者的手被卷进去的危险性是比较小的，但因物料黏着力很强，当往两辊中送料时，稍有疏忽，或因手来不及撤开，就有被卷进去的危险。由于频繁操作的需要，又不便于装安全防护罩，所以通常在开放式炼胶机上方装紧急刹车开关，能使机器立即停止运转。

（三）班组作业人员安全操作要点

1. 旋转机械安全操作要点

（1）正确维护和使用防护设施。应安装防护设施的地方而没有防护设施的不能运行；不能随意拆卸防护装置、安全用具或安全设备，或使其无效；设备检修后应立即重新装好这些防护装置和设备。

（2）转动部件未停稳不得进行操作。机器在运转中离心力很大，即使速度减慢也有较大的离心力。这时进行生产操作、拆卸零部件、清洁保养工作等都是很危险的。如离心机、压缩机等。

（3）正确穿戴防护用品。防护用品是保护职工安全和健康的，必须正确穿戴衣、帽、鞋等护具；工作服应做到三紧袖口、下摆、裤口；酸碱岗位和机加工的某些工种，要戴防护眼镜。

（4）站位得当。如在使用砂轮机时，要在侧面，以免万一砂轮飞出时打到自己；不要在起重机吊臂或吊钩下行走和停留。

（5）转动机件上不得搁放物件。有些操作需要量具等辅助工具，操作者很容易顺手放在旋转部件上，一开车，这些物件极易飞出，发生事故。

（6）不要跨越运转的机轴。机轴如处于人行通道上，应装设跨桥；无防护设施的机轴，不要随便跨越。

（7）执行操作规程，做好维护保养。严格执行有关规章制度和操作法，是保证安全运行的重要条件。

2. 机床类安全操作的要点

加工机床包括车床、钻床、铣床、刨床、磨床等，虽然它们的操作方法和功能不同，但在安全操作方面具有共同的特征，即运动件、切削刀具、被加工件等在与人接触时防护不当均可造成伤害事故。机床安全操作的要点是：

（1）机床的操作、调整和检修，应由经过技术培训的人员进行。操作者要严格遵守安全操作规程。

（2）在安装、更换刀具或工件时，应先停车。刀具要符合加工条件，工件和刀具的装夹要牢靠。

（3）定期对机床进行保养和检修。操作者在操作过程中发现机床运行中存在的不安全状态，要及时采取措施加以消除，避免机床带病运行。

（4）做好个人防护。操作者应按规定着工作服，上衣的袖口和下摆要扎紧；为防飞屑、油滴等杂物进入眼睛，要戴防护眼镜：在钻床、车床、铣床上作业时，严禁戴手套。

3. 冲床类安全操作要点

（1）冲压作业中，特别是在供料、下料的手工操作中，操作者要精力集中，与设备协调配合，防止由于操作失误而造成伤害事故。

（2）多人同时操作时，相互之间要默契配合，动作要协调一致，在全部操作者的肢体均完全退出危险区后，方可启动设备。

（3）做好个人防护工作。操作者将工作服整理就绪（上衣塞入裤内、袖口扎紧、头发拢入帽内），方可上岗。

4. 木工机械安全操作要点

（1）尽量减少人手与刀具、木料的接触，如不要用手或木料去制动旋转的设备，以免因不慎使手与转动的刀具相接触，造成手伤事故。

（2）手工送料时，注意检查木料上是否有结疤、弯曲或其他缺陷，避免推送木料时，意外地发生手与刃口接触。

（3）装拆和更换刀具时，动作要准确，避免误触电源按钮而使刀具旋转，造成伤害。

二、起重机械的安全防护

起重机械是用来对物料进行起吊、运输、装卸和安装等作业以及对人员进行垂直运送的机械设备的总称。起重机械以间歇、重复的工作方式，通过起重吊钩或其他吊具起升、下降或同时升降与运移重物。起重机械也是危险性较大、容易发生事故的特种设备，需要严格的安全管理。

（一）起重机械常见事故类型

从事故统计材料来看，起重伤害事故的主要类型是吊物坠落、挤压碰撞、触电和机体倾翻。

1. 吊物坠落

吊物坠落造成的伤亡事故占起重伤害事故的比例最高，其中因吊索具有缺陷（如钢丝绳拉断、平衡梁失稳弯曲、滑轮破裂导致钢丝绳脱槽等）导致的伤亡事故最为严重；其次是吊装时捆扎方法不妥（如吊物重心不稳、绳扣结法错误等）造成的伤亡事故；还有就是因超载而导致的伤亡事故。

2. 挤压碰撞

这种事故主要是由于吊装人员在起重机和结构物之间或人在两机之间作业时，因机体运行、回转挤压导致的事故；其次是由于吊

物或吊具在吊运过程中晃动，导致操作者高处坠落或击伤造成的事故；再次就是被吊物在吊装过程中或摆放时倾倒造成的事故。

3. 触电

这类事故主要是起重臂或吊物意外触碰高压架空线路，或与高压带电体距离过近，感应带电而引发触电事故。

4. 机体倾翻

这类事故主要是由于操作不当（如超载、臂架变幅或旋转过快等）、支腿未找平或地基沉陷等原因使倾翻力矩增大，导致起重机倾翻；另外就是由于安全防护设施缺失或失效，在坡度或风载荷作业下，使起重机沿路面或轨道滑动而导致倾翻。

（二）起重吊运安全操作要点

（1）每台起重机械的司机都必须经过专门培训，考核合格后，持有操作证才能上岗操作；开车前必须鸣铃或报警，确认起重机上或周围无人时才能闭合主电源（如果电源断路装置上加锁或有标牌，应由有关人员除掉后才可闭合主电源），闭合主电源前，应使所有控制器手柄置于零位；操作应按指挥信号进行，起重指挥人员发出的指挥信号必须明确、符合标准，动作信号必须在所有人员退到安全位置后发出，听到紧急停车信号，不论是何人发出都应立即执行；司机接班时，应检查制动器、吊钩、钢丝绳和安全装置，发现性能不正常时应在操作前排除。

（2）所吊重物接近或达到额定起重量时，或者吊运液态金属、有害液体、易燃易爆物品时，吊运前应检查制动器，并用小高度（200～300mm）、短行程试吊后再平稳吊运；流动式起重机，工作前应按说明书的要求平整停机场地，牢固可靠地打好支腿；工作中突然断电时应将所有的控制手柄扳回零位，在重新工作前应检查起重机动作是否都正常。

（3）发生下列情况之一时司机不应进行操作：超载或问题重量不清时，如吊拔起重量或拉力不清的埋置物体，或斜拉斜吊等；信号不明确时；捆绑、吊挂不牢或不平衡，可能引起滑动时；被吊物上有人或浮置物时；结构或零件有影响安全工作的缺陷或损伤，如制动器或安全装置失灵、吊钩螺母防松动装置损坏、钢丝绳损伤达到报废标准时；工作场地昏暗，无法看清场地、被吊物情况和指挥信号时；重物棱角处与捆绑钢丝绳之间未加衬垫时。

(4) 吊运重物不得从人头顶通过，吊臂下严禁站人，操作中接近人时，应给予断续铃声或报警；起重机运行时不得利用限位开关停车；对无反接制动机能的起重机，除特殊紧急情况外，不得打反车制动；不得在有载荷的情况下调整起升、变幅机构的制动器。

(5) 在厂房内吊运货物应走指定通道；在没有障碍物的线路上运行时，吊物底面应吊离地面 2m 以上；有障碍物需要穿越时，吊物底面应高出障碍物顶面 0.5m 以上；重物不得在空中悬停时间过长，且起落速度要平稳，非特殊情况不得紧急制动和急速下降；吊运重物时不准落臂，必须落臂时应先把重物放在地上；吊臂仰角很大时，不准将被吊的重物骤然落下，防止起重机向一侧翻倒；吊重物回转时，动作要平稳，不得突然制动；回转时，重物重量若接近额定起重量，重物距地面的高度不应太高，一般为 0.5m。

(6) 起重机工作时，臂架、吊具、辅具、钢丝绳、缆风绳及重物等，与输电线的最小距离应符合有关规定；无下降极限位置限制器的起重机，吊钩在最低工作位置时，卷筒上的钢丝绳必须保证有设计规定的安全圈数；在轨道上露天作业的起重机，工作结束时，应将起重机锚定住；电气设备的金属外壳必须接地，禁止在起重机上存放易燃易爆物品，司机室应配备灭火器。

(7) 用两台或多台起重机吊运同一重物时，钢丝绳应保持垂直，各台起重机的升降、运行应保持同步，各台起重机所承受的载荷均不得超过各自的额定起重能力；有主副两套起升机构的起重机，主副机构不应同时开动（除设计允许同时使用的专业起重机）。

(8) 起重机工作时不得进行检查和维修。对起重机维修保养时，应切断主电源，并挂上标志或加锁；必须带电修理时，应戴绝缘手套，穿绝缘鞋，使用带绝缘手柄的工具，并有人监护。

三、锅炉压力容器安全操作和事故防范

（一）锅炉压力容器的危险性

锅炉压力容器不但承受大小不同的压力，而且还承受高温。有些压力容器盛装的介质具有腐蚀性，产生腐蚀裂纹、腐蚀深坑，致使壁厚减薄而破裂。如果介质有毒或具有可燃性，容器爆炸后，不仅破坏周围设备和建筑物，还会造成中毒、火灾事故，后果极其严重。锅炉金属表面一侧要接触烟气、灰尘，另一侧要接触水或蒸气，有腐蚀、磨损及沾污堵塞的可能。如果锅炉因维护不当，年久失修，或因违反操作规程等，很可能发生事故，轻者影响蒸汽质量或停产，严重时还会发生爆炸事故。因此，国家把锅炉压力容器列为特殊设备，设置专门机构，制定专门规程，并按标准严格管理。

（二）锅炉常见事故及原因

由于锅炉的设计、制造、安装和使用的问题，在运行中会发生各类事故。大致可分为三大类：爆炸事故、重大事故和一般事故。

1. 爆炸事故

爆炸事故是指锅炉中的主要受压部件如锅筒（锅壳）、联箱、炉胆、管板等发生破裂爆炸的事故。这些受压部件内部容纳的汽水介质较多，一旦发生破裂，汽水瞬时膨胀，释放大量的能量，具有极大的破坏力，可导致厂房设备损坏并造成人员伤亡。

锅炉爆炸事故通常是由于锅炉超压、存在缺陷或超温所造成。由于安全阀、压力表不齐全或损坏，操作人员对指示仪表监视不严或操作失误（如误关闭或关小出汽阀门），致使受压元件超压引起爆炸；锅炉主要受压元件存在缺陷，如裂纹、腐蚀等，承受能力大大降低，使锅炉在正常压力下突然破裂，再有就是由于锅炉严重缺水，未按规定立即停炉，而匆忙上水，致使金属性能与组织变化丧失承载能力而破裂。

2. 重大事故

此类事故虽不及锅炉爆炸那么严重，但也往往造成设备损坏和人员伤亡，并可导致用户局部或全部停工停产，造成严重经济损失。

（1）缺水事故。当锅炉水位低于水位表最低安全水位刻度线时即形成了锅炉缺水事故。严重的缺水会使锅炉蒸发面管子过热变形，胀口渗漏以至脱落，炉墙破坏。通常判断缺水程度的方法是"叫水"。通过"叫水"，如果水位表中有水位出现，为轻微缺水，可立即上水使水位恢复正常；如果水位表中无水位出现，则为严重缺水，必须紧急停炉。在未判定缺水程度的情况下，严禁给锅炉上水，以免引起锅炉爆炸事故。

造成缺水的原因主要是：司炉人员对水位监视不严；水位表故障造成假水位而司炉人员未及时发现；给水设备或给水管道故障，无法给水或水量不足；水位报警器或给水自动调节器失灵；司炉人员排污后忘记关排污炉，或者排污阀泄露等。

（2）满水事故。锅炉水位高于水位表最高安全水位刻度线时，叫做锅炉满水。满水的主要危害是降低蒸汽品质，损害过热器。发现锅炉满水后，应冲洗水位表，检查水位表有无故障。确认满水后，立即关闭给水阀，停止向锅炉上水，并减弱燃烧，开启排污阀。

造成满水事故的原因是：司炉人员对水位监视不严；水位表故障造成假水位而司炉人员未及时发现；给水自动调节器失灵而未及时发现。

（3）炉管爆破。锅炉蒸发受热面管子在运行中爆破，此时蒸汽和给水压力下降，炉膛和烟道中有汽水喷出，燃烧不稳定。炉管爆破时，如果爆破口不大，能维持正常水位，可降负荷运行，待备用炉启动后，再停炉检修，若不能维持正常水位和汽压，必须紧急停炉修理。

导致炉管爆破的原因主要有：水质不良，管子结垢；严重缺水；管壁因腐蚀而减薄；烟气磨损导致管壁减薄；水循环故障；管

材缺陷或焊接缺陷在运行中发展导致爆破。

(4) 汽水共腾。锅炉蒸发面表面汽、水共同升起，产生大量泡沫并上下波动翻腾的现象，其后果会使蒸汽带水，降低蒸汽品质，造成过热器结垢及水击振动。发生水汽共腾时，应减弱燃烧，关小出气阀，打开排污阀放水，同时上水，改善锅水品质。待水质改善、水位清晰后可逐渐恢复正常运行。

形成汽水共腾有两方面的原因：一是锅水品质太差，锅水中悬浮物或含盐量太大、碱度过高，使锅水黏度很大，气泡被粘阻在锅水表面层附近来不及分离出去；二是负荷增加和压力降低过快。

(5) 水击事故。发生水击时，管道承受的压力骤然升高，发生猛烈振动并发出巨响，常常造成管道、法兰、阀门等的损坏。锅炉中易发生水击的部件有给水管道、省煤器、过热器、锅筒等。给水管道发生水击时，可适当关小给水控制阀；蒸汽管道发生水击时，应减小供气，开启水击段疏水阀门；省煤器发生水击，应开启旁路门，关闭烟道门。

(6) 炉膛爆炸。燃气、燃油锅炉或煤粉炉，当炉膛内的可燃物质与空气混合物的浓度达到爆炸极限时，遇明火就会爆炸，甚至引起炉膛爆炸。炉膛爆炸虽较锅炉爆炸的破坏力小，但也会造成严重后果，损坏受热面、炉墙及构架，造成锅炉停炉，有时候也会造成人身伤亡。

3. 一般事故

一般事故是指在运行中或经过短暂停炉可以排除的事故，其损失较小。

(三) 锅炉压力容器安全操作要点

(1) 锅炉操作人员、锅炉水质化验人员必须经培训考核，持证上岗。

(2) 操作人员要熟悉设备的结构、性能及技术参数，严格按操作规程操作，掌握一般事故的处理方法，认真填写有关记录。

(3) 要平稳操作，升温升压速度不能过快；设备运行期间，尽量避免压力、温度的频繁和大幅度波动。严禁超温超压运行。

(4) 坚持运行期间的巡回检查，及时发现操作中或设备及安全装置出现的不正常状态，正确处理紧急情况。

四、气瓶安全操作和事故防范

化工厂使用的气瓶大致有三种。一是盛装永久性气体的气瓶，一般也称高压气瓶。二是液化气体气瓶，其充装量是以气瓶单位容积容纳液化气体的质量来确定的。三是乙炔气瓶，由于乙炔是一种极不稳定的气体，只能借助一种溶剂强制溶解的办法装瓶。气瓶是使用普遍、流动性大的“压力容器”。前面讲的压力容器安全使用原则，基本上也适用于气瓶。但由于流动特性，在使用和储运方面另有某些特殊的安全要求。

(一) 气瓶的安全使用要点

使用气瓶要做到正确操作，禁止撞击；远离明火，防止受热；专瓶专用，留有余压；维护保养，定期检验。

1. 防止气瓶受热

使用中的气瓶不应放在烈日下暴晒，不要靠近火源及高温区，距离明火不应小于10m；不得用高压蒸气喷吹气瓶；禁止用热水解冻及明火烘烤，严禁用温度超过40℃的热源对气瓶加热。

2. 正确操作

气瓶立放时应采取防止倾倒的措施；开阀时要慢慢开启，防止附件升压过快产生高温；对可燃气体的气瓶，不能用钢制工具等敲击钢瓶，防止产生火花；氧气瓶的瓶阀及其附件不得沾油脂，手或手套上沾有油污后，不得操作气瓶。

3. 气瓶使用到最后应留有余气，以防止混入其他气体或杂质而造成事故。气瓶用于有可能产生回流的场合，必须有防止倒灌的装置，如单向阀、止回阀、缓冲罐等。液化石油气气瓶内的残

余油气，应在有安全措施的设备上回收，不得自行处理。

4. 加强气瓶的维护

气瓶外壁油漆层既能防腐，又是识别的标志，以防止误用和混装，要保持好漆面的完整和标志的清晰。瓶内混进水分会加速气瓶内壁的腐蚀，气瓶在充装前一定要对气瓶进行干燥处理。

5. 气瓶使用单位不得自行改变充装气体的品种、擅自更换气瓶的颜色、标志。确实需要更换时应提出申请，由气瓶检验单位负责对气瓶进行改装。

（二）气瓶的安全运输要点

装运气瓶应做到文明装卸，妥善固定；分类装运，严禁烟火；防晒防雨，悬挂标志。

1. 轻装轻卸，妥善固定

搬运气瓶时要轻装轻卸，严禁滚、抛、甩、倒、撞，厂内搬运时宜用专用小车，因为气瓶是有爆炸危险的容器，不能用电磁起重机来搬运气瓶。装车时应横向放置，头朝一方，旋紧瓶帽，备齐防震圈，瓶子下面用三角木块等卡牢。车厢栏板要坚固牢靠，瓶子堆高不得超过车厢高度。乙炔钢瓶直立排放时，车厢高度不得低于瓶高的三分之二。确保运输过程中气瓶不倾倒、不跌落、瓶阀不受损坏的安全措施。

2. 分类装运，严禁烟火

性质相抵触的气瓶（如助燃的氧气、氯气瓶与易燃的氢气、乙炔气和液化石油气瓶等）不得同车运输；氧气、氯气等强氧化性气体气瓶不准和易燃品、油脂及沾有油脂的物品装在同一辆车上；乙炔瓶不能和易燃物品混在一起运送，以防万一易燃物品着火，乙炔受热爆炸。运输气瓶的车辆上禁止烟火，在车上要配备相应的灭火器材和防中毒、防化学灼伤的个人防护用具。

3. 防晒防雨，悬挂标志

运输气瓶的车辆要有遮阳防雨设施，防止雨雪侵袭，防止太阳暴晒。炎热地区应该遵守当地政府关于夏令季节装运化学危险物品的有关安全规定，避免白天运送气瓶。运输气瓶的车辆应在车前悬挂黄底黑字（危险品字样）的三角旗。遵守公安，交通部门有关危险品运输的安全规定或条例，例如按指定的路线行车；在首脑机关、居民密集处等地方不准停留等。

（三）气瓶的安全储存要点

气瓶储存要隔离储存，防止倾倒；分开堆放，防止腐蚀；定期检查，限期存放，是气瓶储存中的重要环节。

1. 隔离储存，防止倾倒

性质相抵触的气瓶必须分隔储存，不能混放在一起。储存不同种类气瓶的库房之间要用隔火墙完全隔开，以防止气瓶万一泄露，两种性质相抵触的气体相遇引起火灾、爆炸或中毒事故。氧气等强氧化性气体气瓶不能和易燃物品、油脂或沾有油脂的物品同室存放。

库内气瓶要妥善固定，竖放时应设置栏栅固定；卧放时要用木块等卡牢；高压气瓶堆放不能高于5层，防止倾倒。旋紧瓶阀，以防泄露；戴好瓶帽，保护阀杆，以防折断。库房之间必须留有通道。

2. 分开堆放，防止腐蚀

满瓶、空瓶一定要分开堆放，堆放处应有明显的标记或字样，以防相混。如果满瓶、空瓶混杂一起，就可能误将满瓶当空瓶，送往充装单位充装。这样不仅周转往返，浪费人力、物力，而且给充装单位留下重大隐患。万一充装单位一时疏忽，把满瓶当空瓶充装，导致过量，这样温度稍稍升高就可能发生爆炸。

气瓶存放场所应保持良好通风，保持瓶体和存放场所的干燥。不要使气瓶遭受雨雪侵袭，或遇到腐蚀性物质，防止气瓶腐蚀。

3. 定期检查，限期存放

库房内气瓶要定期检查，检查的重点是气瓶有无泄露、腐蚀、

倾倒。发现问题，及时解决。

五、班组现场设备操作和安全管理要点

总之，危险化学品企业进行生产活动的现场，设备数量众多、功能迥异。如果我们的企业班组对其性能和危险性不了解，或防护不当，或工作时操作错误，或者工作时注意力不集中，均可能造成伤害。

企业班组在现场设备操作和管理过程中要做到：

(1) 严格遵守设备操作，使用和维护规程，做到启动前认真准备，启动中反复检查，运行中搞好调整，停车后妥善处理，认真执行操作指标，不准超温、超压、超速、超负荷运行。

(2) 必须坚守岗位，严格执行巡回检查制度，定期按巡回检查路线对所有设备进行仔细检查，主动消除脏、松、缺、乱、漏等缺陷，检查过程中，摸温度要细、听声音要细、看运转要细，发现疑点不搞清楚不放过、解决问题不彻底不放过，处理问题后不搞好现场规格化不放过。认真填写运行记录、缺陷记录和操作记录。

(3) 认真执行设备润滑管理制度，搞好设备润滑，坚持做到“五定”、“三级过滤”。五定即：定人、定点、定质、定量、定时；三级过滤即：从领油大桶到岗位储油桶、从岗位储油桶到油壶、从油壶到加油点。

(4) 严格执行设备定期保养制度，对备用设备定时盘车，做到随时可以开动投用，做好防冻、防腐和清洁工作，对本单位封存、闲置设备应定期维护保养。

(5) 保持本岗位的设备、管道仪表盘、油漆保温完整，地面清洁，加强对静密封点管理，消除跑、冒、滴、漏，努力降低泄漏率，搞好环境卫生，做到文明生产。

(6) 操作人员发现设备有不正常情况，应立即检查原因，及时反映，在紧急情况下，应按有关规程，采取果断措施，或立即停车，并上报和通知班长及有关岗位人员，不弄清原因，不排除故障不得盲目开车。

(7) 教育和培训班组成员掌握设备性能特点和正确的操作方法做到“应知”“应会”保持设备良好状态，使其发挥最佳效能。

(8) 班组要严格执行设备故障和事故分析制度。

第五节 危险化学品企业现场电气安全管理

在危险化学品企业生产中，电力除了作为动力、照明、加热等能源之外，还广泛的应用于生产自动控制和指挥系统。因此，电气安全对化工生产是极为重要的。但是如果应用不当，电不但会伤人，还会带来其他危害。因此，企业班组每个人都应该懂得一些用电安全方面的知识。

一、预防触电事故的技术措施

为了有效地防止触电事故，可采用安全用电、绝缘、屏护、安全间距、保护接地或接零、漏电保护等预防措施。

1. 保护接地和保护接零

保护接地是将电气设备不带电的金属部分与接地体做紧密的金属连接。保护接地适用于各种不接地的配电网，包括低压不接地配电网、高压不接地配电网以及不接地的直流配电网。

保护接零则是将电气设备正常情况下不带电的金属部分与供电系统的零线做紧密的金属连接。保护接零适用于低压中性点直接接地的三相四线制配电系统。两者的作用均是在电气设备绝缘损坏后防止外壳带电，避免触电事故的发生。

2. 漏电保护器

它是一种低电压电气设备安全保护装置，主要用于单相电击保

护，也可用于防止漏电引起的火灾，还可用于检测和切断各种单相接地故障，漏电保护器提供间接接触电击保护。

3. 安全电压

安全电压是指为了防止触电事故而由特定电源供电时所采用的电压系列。我国规定安全电压额定值的等级为42V，36V，24V，12V，6V。当电气设备采用电压超过安全电压时，必须按规定采取防止直接接触带电体的保护措施。安全电压决定于人体允许的电流和人体电阻。人体允许电流是指人体在遭受电击后可能延续的时间内不危及生命的电流。

不论是接触电压还是跨步电压，当其数值达到危险程度同样会造成触电事故。一般在危险场所，人体的接触电压应小于10V，而跨步电压不超过20V。

4. 绝缘

绝缘是用绝缘材料把带电体封闭起来，以隔离带电体或不同电位的导体，使电流能按一定的通路流通。良好的绝缘是保证设备和线路正常运行的必要条件，也是防止触电事故的重要措施。

5. 屏护和间距

屏护即采用遮拦、护盖、箱匣等把带电体同外界隔离开来。屏护装置所用材料应该有足够的机械强度和良好的耐火性能。

间距是将带电体置于人和设备所及范围之外的安全措施。带电体与地面之间、带电体与其他设备或设施之间、带电体与带电体之间均应保持必要的安全距离。为了防止人体接近带电体，带电体安装时必须留有足够的检修间距。在低压操作中，人体及其所带工具与带电体的距离不应小于0.1m；在高压无遮拦操作中，人体及其所带工具与带电体之间的最小距离视工作电压而定，一般不应小于0.7～1.0m。

二、车间常用电器设备的安全操作要求

车间电气设备品种多，这里只涉及几种最常见的、通用的电器

设备，如电动机、保护电器、开关电器以及照明装置。

1. 电动机

电动机是危险品企业最常用的用电设备。它的种类繁多，有直流电动机和交流电动机。交流电动机又分为同步电动机和异步电动机。

电动机工作时应注意功率必须与生产机械载荷的大小及其持续和间断的规律相适应。如果长时间超负荷工作，会导致电动机过热，加速绝缘老化，缩短电动机的使用年限，而且还可能由于绝缘损坏造成触电事故。因此，运行时，必须保持电动机各部分的温度不超过最高允许温度和最大允许温度。

电动机运行时还应注意有没有异常情况发生，如启动电动机时，听见嗡嗡叫声转不起来；电动机出现强烈振动和音响；电动机发出绝缘烧焦气味、冒烟火；三相电动机一相断电，仅剩两相运行时；电动机所带的机械部分损坏时等，操作人员应迅速将电源切断，再通知电工修理。

2. 保护电器、开关电器

对电动机或其他电气设备，还必须有短路保护、过载保护和失压保护等保护电器装置。短路保护是指线路或设备发生短路时，迅速切断电源。过载保护是当线路或设备的载荷超过允许范围时，能延时切断电源的一种保护。失压保护是当电源电压消失或低于某一限度时，能自动断开线路的一种保护，其作用是当电压恢复时，设备不致突然启动，造成事故，同时能避免设备在过低的电压下勉强运行而损坏。当保护电器动作，应找出原因后再启动设备，不要盲动。熔丝熔断，不能用铜丝、铁丝代替，应用容量相符的熔丝。

开关电器的主要任务是接通和断开线路。在车间，开关电器主要用来启动和停止用电设备（多数是电动机）。闸刀开关、自动空气开关、减压启动器、变阻器、磁力启动器等都属于这类开关电器。启动大型电动机，要按操作规程进行操作，防止启动时过载而引起跳闸；启动一般设备的电动机时，不要用力过猛，或者用锤、杆敲击来代替手动，以免损坏电器开关；生产中防止酸、碱等腐蚀

性物质对电器设备和电线的腐蚀。

3. 照明装置

照明装置包括白炽灯、日光灯、新型电光源、开关、插座、挂线盒及附件，安装必须安全可靠，完整无损。

所装灯具、开关、插座等应符合环境的需要，如在特别潮湿、有腐蚀性和多尘场所，应采用防水、防尘型灯具和密闭开关，室外装置应用密闭开关；在爆炸危险场所，应用防爆照明装置。

所有照明的金属管、支持物件及金属照明配电盘，均应接地。螺丝口灯头接线时，螺口灯头的螺纹应接到中性线上，另一触点即灯头底座中心弹簧卡，应经过开关接到相线上。灯泡旋上时要旋足，使灯的金属头子不外露。吊灯必须装有挂线盒，电灯灯头离地高度应符合要求：潮湿及危险场所的灯头离地高度不应低于2.5m；一般车间不应低于2m。开关及插座的装置离地高度不应低于1.3m，如生产、生活需要，可将插座装在低处，但离地不应低于15cm。白炽灯工作的时候，表面温度很高，不能将白炽灯泡接近可燃物，以防火灾。

三、移动电具的安全使用要点

移动电具使用方便，便于携带，能减轻劳动强度，被企业广泛使用。移动电具种类很多，如手提电钻、手提电砂轮、移动式电动切割机、电剪刀等。但是如果使用前不检查、使用不当、保管不好、维修不及时，很容易发生触电等伤亡事故。因此，要按要求安全使用移动电具。

（1）移动电具一定要明确制定专人管理，负责保管、检查和借用。移动电具要随时保持干燥，表面清洁、完好。移动电具的送修，一定要严格执行收发登记手续，修好后的电具，必须要有修理人签字和保管人验收签字。移动电具借出时，应将绝缘手套、绝缘垫子随同借出，归还时，保管人要详细检查，外表是否清洁，插头、接线是否完整无损。

（2）应定期对电具进行检查。看看绝缘电阻是否符合要求；引线、插头及插座是否损坏；接线头是否脱落，连线是否良好；接地线是否有效等。

（3）不同的移动电具使用时要按固定使用。使用电钻必须带绝缘手套，并穿上绝缘靴或站在绝缘垫子上，使用前应用试电笔检查是否漏电。调换钻头时，应将插头拔去。使用低压行灯时应有绝缘手柄和金属防护罩，并不能放在锅炉、水箱等金属容器内和特别潮湿的地方。防爆车间应使用防爆型低压行灯。使用手提电砂轮等旋转设备时，要注意运转方向，人应站在侧面。搬动台风扇时，应先拔去电源插头。移动电具的引线和插头都应完整无损，引线应使用三芯坚韧橡皮包线或塑料套软线，引线中间不应有接头，电具的金属外壳应可靠接地。引线两头不能都装插头，禁止直接将线头插入插座内使用。

四、作业现场用电安全要点

总结安全用电经验和以往的事故教训，作业现场的班组人员应当注意以下规定：

（1）非电工不准拆卸、修理电气设备和用具；任何人不准玩弄电气设备和开关；不准私拉乱接电气设备；不准使用绝缘损坏的电气设备；不准私用电热设备和灯泡取暖；不准擅自用水冲洗电气设备；保险丝熔断，不准调换容量不符的保险丝；不准擅自移动电气安全标志、围栏等安全设施；不准使用检修中机器的电气设备；不准随意打桩、动土，以防损坏地下电缆。

（2）操作电气设备的时候，应集中注意力，防止操作失误引起事故。使用电炉、电烙铁、电热棒等加热设备时，人员不能离开，工作完毕后必须切断电源，拔出插头。发现破损的开关、灯头、插座应及时与电工联系调换。不要用金属件和湿手去扳开关。临时用电装置不能私自接装，必须办理临时用电申请手续，经同意后方可装设，并要指定电工装、拆、检查和管理。爆炸危险场所不准使用

临时用电装置。

(3) 变电室和车间配电室内严禁吸烟，不准堆放杂物，保持室内通道和室外道路的畅通。电气设备附近和配电箱内不能放置杂物。严禁在带电导线、带电设备及冲油设备附近使用火炉或喷灯。暖气设备蒸汽管等不要靠近电线。在带电设备周围不能使用钢卷尺等金属工具测量，注意同带电部分保持一定的安全距离。

五、作业现场静电安全防护要点

静电的主要危害是引起火灾和爆炸、电击伤人和妨碍生产，而在各种危害中，火灾和爆炸最为重要，而静电必须具备下列条件才能酿成火灾和爆炸危害：具备产生火花放电的电压；具备产生静电电荷的条件；有能够产生火花的足够能量；有能够引起火花放电的合适间隙；放电周围有易燃易爆混合物。因此只要消除上述其中之一，就可达到消除静电危害的目的。

目前，防止静电危害的途径有：在工艺方面控制静电的发生量；采用泄露导走的方法，消除静电荷积聚；利用设备生产出异性电荷，来中和生产中产生的静电电荷等。对于班组作业人员，最关键的问题是人体的防静电措施。

1. 人体接地

在人体必须接地的场所，应装设金属接地棒，即消电装置。工作人员随时用手接触接地棒，以消除人体所带的静电。在坐着的场所，作业人员可佩戴接地的腕带。在有静电危害的场所应注意着装，作业人员应穿戴防静电工作服、鞋和手套，不得穿着化纤衣物。

2. 安全操作

工作时应有条不紊，避免急促性动作，应尽量不搞可使人体带电的活动。如接近或接触带电体；在防爆厂房等危险场所内，穿脱衣服、靴及剧烈活动或梳头都可能引起火灾爆炸事故。合理使用规定的劳保用品和工具，不准使用化纤材料制作的拖布或抹布擦洗物体或地面。在有静电危险的场所，不得携带与工作无关的金属物品，如钥匙、硬币、手表、戒指等，也不许穿带钉鞋子等进入现场。

第六节 危险化学品企业现场安全色标管理

在生产中所发生的灾害或事故，大部分是由于人为疏忽造成的，因此，有必要追究到底是什么原因导致人为的疏忽并研究如何预防，其中，利用安全色标是很有必要的一种手段。国家以 GB 2893—82 和 GB 2894—82 分别颁布了《安全色》和《安全标志》标准。目前，在企业内已经广泛应用了这两个标准。这两个标准对预防事故，保证安全起到了一定的作用。

一、安全色

1. 安全色的含义和用途

安全色是表达安全信息含义的颜色，用以表示禁止、警告、指令、指示等。应用安全色使人们能够对威胁安全和健康的物体和环境作出尽快的反应，以减少事故的发生。具体见表 5-1。

2. 对比色

对比色为黑白两种，使用对比色是通过反衬使安全色更加醒目。如安全色需要使用对比色时，应按相关的规定实行，见表 5-2。

黑色可用于安全标志的文字、图形符号和警告标志的几何图形；白色可用于安全标志的文字和图形符号。

红色和白色、黄色和黑色间隔条纹，是两种较醒目的标志。

表 5-1 安全色的含义和用途

颜色	含义	用途
红色	禁止 停止	禁止标志 停止信号：机器、车辆上的紧急停止手柄或按钮，以及禁止人们触动的部位
蓝色	指令必须遵守的规定	指令标志：如必须佩戴个人防护用具，道路上指引车辆和行人行驶方向的指令
黄色	警告	警告标志 警戒标志：如厂内危险机器和坑池周围提醒注意的警戒线
	注意	行车道中线 机械齿轮箱内部 安全帽
绿色	提示 安全状态 通行	提示标志 车间内的安全通道 行人和车辆通行标志 消防设备和其他安全防护设备的位置

注：1. 蓝色只有与几何图形同时使用时，才表示指令。

2. 为了不与道路两旁绿色行道树相混淆，道路上的提示标志用蓝色。

表 5-2 对比色表

安全色	相应的对比色	安全色	相应的对比色
红色	白色	黄色	黑色
蓝色	白色	绿色	白色

3. 安全色使用标准

（1）红色。红色表示禁止、停止、消防和危险的意思。凡是禁止、停止和有危险的器件设备或环境，应涂以红色的标志。

（2）黄色。黄色表示注意、警告人们注意的器件、设备或环境，应涂以黄色的标志。

（3）蓝色。蓝色表示指令及必须遵守的规定。

（4）绿色。绿色表示通行、安全和提供信息的意思。凡是在可以通行或安全的情况下，应涂以绿色的标志。

（5）红色和白色相间隔的条纹。红色与白色相间隔的条纹，比单独使用红色更为醒目，表示禁止通行、禁止跨越的意思，用于公路、交通等方面所用的防护栏及隔离墩。

（6）黄色与黑色相间隔的条纹。黄色与黑色相间隔的条纹，比单独使用黄色更为醒目，表示特别注意的意思，用于起重吊钩、平板拖车排障器、低管道等方面。相间隔的条纹，两色宽度相等，一般为 10mm。在较小的面积上，其宽度可适当缩小，每种颜色不应少于两条，斜度一般与水平呈 45°。在设备上的黄、黑条纹，其倾斜方向应以设备的中心线为轴，相互对称。

（7）蓝色与白色相间隔的条纹。蓝色与白色相间的条纹，比单独使用蓝色更为醒目，表示指示方向，用于交通上的指示性导向标。

（8）白色。标志中的文字、图形、符号和背景色，以及安全通道、交通上的标线用白色。标示线、安全线的宽度不小于 60mm。

（9）黑色。禁止、警告和公共信息标志中的文字、图形都适合用黑色。

二、运用安全标志确保安全

1. 安全标志

安全标志是由安全色、边框和以图像为主要特征的图形符号或文字构成的标志，用以表达特定的安全信息。

安全标志分为禁止标志、警告标志，命令标志和提示标志四大类。

（1）禁止标志。禁止标志是禁止或制止人们做某个动作。其基本形式是带斜杠的圆边框。禁止标志的颜色见表 5-3。

表 5-3　禁止颜色标志表

部　　位	颜　色
带斜杠的圆边框	红色
图像	黑色
背景	白色

（2）警告标志。警告标志的含义是促使人们提防可能发生的危险。警告标志的基本形式是正三角形边框。警告标志的颜色见表 5-4。

表 5-4 警告标志颜色表

部 位	颜 色
正三角形边框、图像	黑色
背景	黄色

（3）命令标志。命令标志的含义是必须遵守的意思。命令标志的基本形式是圆形边框。命令标志的颜色见表 5-5。

表 5-5 命令标志颜色表

部 位	颜 色
图 像	白色
背 景	蓝色

（4）提示标志。提示标志的含义是提供目标所在位置与方向的信息。提示标志的基本形式是矩形边框。提示标志的颜色见表 5-6。

表 5-6 提示标志颜色表

部 位	颜 色
图像、文字	白色
背景	一般提示标志用绿色，消防设备提示标志用红色

2. 补充标志

补充标志是安全标志的文字说明，必须与安全标志同时使用。使用时，可以连在一起，也可以分开，当横写在标志的下方时，其基本形式是矩形边框；如竖写时则写在标志的上部。补充标志的规定见表 5-7。

表 5-7 补充标志规定表

补充标志的写法	横 写	竖 写
背景	禁止标志——红色 警告标志——白色 命令标志——蓝色	白色
文字颜色	禁止标志——白色 警告标志——黑色 命令标志——白色	黑色
字体	黑体	黑体

3. 安全标志牌

安全标志牌须根据标准的基本图形制作。安全标志牌都应自带衬底色，其边框颜色的对比色将边框周围勾一窄边即为安全标志的衬底色，但警告标志边框则用黄色勾边，衬底色最少宽 2mm，最多宽 10mm。有触电危险场所的安全标志牌，应当使用绝缘材料制作。

三、危险化学品企业现场色标实例

（一）危险品标志

（二）禁止标志

禁止吸烟

禁止烟火

禁止放易燃物

禁止带火种

禁止攀登

禁止明火作业

禁止穿带钉鞋

禁止堆放

禁止穿化纤服装

禁止料罐乘人

禁带烟火

禁止乱动消防器材

禁止混放

禁止触摸

禁止饮用

禁止架梯

禁止锁闭

禁止乘输送带

（三）警示标志

当心弧光

当心中毒

当心爆炸

当心有害气体中毒

当心氧化物料火灾

当心火灾

当心蒸气和热水

当心静电

当心滑跌

当心泄漏

当心吊物

当心伤手

当心机械伤人

当心车辆

当心碰头

止步高压危险

（四）危险化学品企业职业病危害警示标志

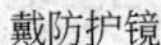

戴防护镜

戴防毒面具

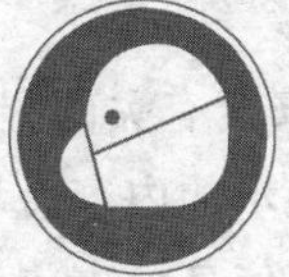

戴防尘口罩

戴护耳器

戴防护手套

穿防护鞋

穿防护服

注意通风

急救站

救援电话

当心中毒

注意防尘

注意高温

当心感染

四、安全标志在现场的应用

在有危险因素的生产经营场所和有关设施、设备上，设置安全标志，及时提醒从业人员注意危险，防止从业人员发生事故。这是一项在生产过程中，保障生产经营单位安全生产的重要措施。《安全生产法》第二十八条对此做出了明确的规定。安全标志的应用具有引起人们对不安全因素的注意，提高人们行为自主能力、提醒人们避开危险的功能。对于预防伤亡事故发生，实现安全生产具有重要的作用，是一种不可替代的安全装置。安全标志的设置应根据作业环境存在有害、危险因素的情况以及作业环境的特点，布设相应的安全标志装置。对于作业现场的班组人员必须明确各种安全标志的含义、使用要求、检查维修等。

(一)安全标志的使用要求

① 安全标志应设在与安全有关的醒目地方，并使大家看见后，有足够的时间来注意它所表示的内容。环境信息标志宜设在有关场所的入口处和醒目处；局部信息标志应设在所涉及的相应危险地点或设备（部件）附近的醒目处。

② 安全标志设置的高度，应尽量与人眼的视线高度相一致。悬挂式和柱式的环境信息标志的下缘具地面的高度不宜小于 2m；局部信息标志的设置高度应视具体情况确定。

③ 安全标志不应设在门、窗、架等可移动的物体上，以免这些物体位置移动后，看不见安全标志。安全标志前不得放置妨碍认读的障碍物。

④ 安全标志的平面与视线夹角应接近 90°角，观察者位于最大观察距离时，最小夹角不低于 75°。

⑤ 安全标志应设在明亮的环境中。

⑥ 安全标志的类型、数量应当根据危险部位的性质，分别设置不同的安全标志。

⑦ 多个安全标志在一起设置时，应按警告、禁止、指令、提示类型的顺序，先左后右，先上后下地排列。

⑧ 安全标志的固定方式分附着式、悬挂式和柱式三种。悬挂式和附着式的固定应稳固不倾斜，柱式的标志和支架应牢固地联系在一起。

(二)安全标志的检查维修

① 安全标志应保持颜色鲜明、清晰、持久，每半年至少应检查一次。

② 对于发现破损、变形、褪色和图形符号脱落等影响效果的情况，应及时修整或更换。

第七节 个体防护用品的管理

企业的生产作业类型和性质各有不同，作业场所的环境也不同。对危险化学品企业，有毒作业环境、粉尘作业环境、高温和低温作业环境、噪声作业环境以及辐射作业环境是较为常见的。这种非正常的作业环境会对作业人员产生损害，所以企业和班组要加强作业的防护工作。

工人必须使用合适的个体防护用品。个体防护用品既不能降低工作场所中有害化学品的浓度，不能消除工作场所的有害化学品，不能改变作业场所的温度，也不能改变场所的噪声污染，而只是一道阻止有害因素侵害人体的屏障。防护用品本身的失效就意味着保护屏障的消失。因此个体防护不能被视为控制危害的主要手段，而只能作为一种辅助性措施。为了避免劳动者在生产过程中发生事故或减轻事故伤害程度，需要给劳动者配备一定的防护用品。

一、危险化学品作业场所常用个体防护用品

各类个体防护用品，具有不同的功能，有眼睛保护、听力保护、呼吸保护、皮肤防护以及防护服等常见的保护用具。

(一) 听力保护

听力保护的器具主要有两大类：一类是置放于耳道内的耳塞，用于阻止声能进入；另一类是置于外耳的耳罩，限制声能通过外耳进入耳鼓及中耳和内耳。

1. 耳塞的使用

(1) 各种耳塞在使用时，要先将耳廓向上提拉，使耳甲腔呈平

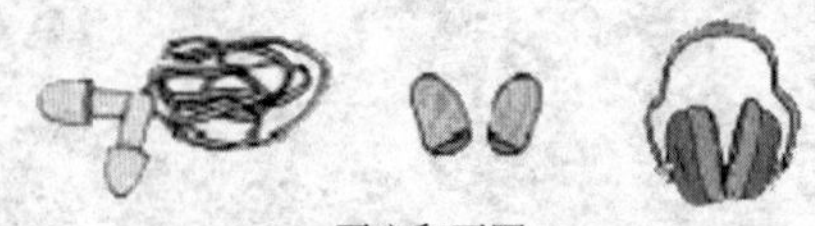

耳塞和耳罩

直状态，然后手持耳塞柄，将耳塞帽体部分轻轻推向外耳道内，并尽可能地使耳塞体与耳甲腔相贴合。但不要用劲过猛过急或插得太深，以自我感觉适度为止。

（2）戴后感到隔声不良时，可将耳塞稍微缓慢转动，调整到效果最佳位置为止。如果经反复调整仍然效果不佳时，应考虑改用其他型号、规格的耳塞试用，以选择最佳者定型使用。

（3）佩戴泡沫塑料耳塞时，应将圆柱体搓成锥形体后再塞入耳道，让塞体自行回弹、充满耳道。

（4）佩戴硅橡胶自行成型的耳塞，应分清左右塞，不能戴错；放入耳道时，要将耳塞转动放正位置，使之紧贴耳甲腔内。

2. 耳罩的使用

（1）使用耳罩时，应先检查罩壳有无裂纹和漏气现象，佩戴时应注意罩壳的方向，顺着耳廓的形状戴好。

（2）将连接弓架放在头顶适当位置，尽量使耳罩软垫圈与周围皮肤相互密合。如不合适时，应移动耳罩或弓架，调整到合适位置为止。

（3）无论戴用耳罩还是耳塞，均应在进入有噪声车间前戴好，在噪声区不得随意摘下，以免伤害耳膜。如确需摘下，应在休息时或离开后，到安静处取出耳塞或摘下耳罩。

（4）耳塞或耳罩软垫用后需用肥皂、清水清洗干净，晾干后再收藏备用。橡胶制品应防热变形，同时撒上滑石粉储存。

（二）眼、面部保护

根据产品的防护性能和防护部位分为两类：

1. 防护眼镜

这类产品又有防异物的安全护目镜和防光的护目镜两种。

（1）安全护目镜这是防御有害物伤害眼睛的产品，如防冲击眼

护目镜和防化学药剂护目镜。

（2）遮光护目镜是防御有害辐射线伤害的产品，如焊接护目镜和炉窑护目镜、防激光护目镜和防微波护目镜等。

2. 防护面罩

这类产品也分为安全型和遮光型两种。

（1）安全型防护面罩是防御固态的或液态的有害物体伤害眼面的产品，如钢化玻璃面罩、有机玻璃面罩、金属丝网面罩等产品。

（2）遮光型防护面罩防御有害辐射线伤害眼面的产品，如电焊面罩、炉窑面置等。

（三）呼吸保护

呼吸保护装置一般分为两类：一是过滤式呼吸保护器，它是通过将空气吸入过滤装置去除污染而使空气净化；另一类是供气式呼吸保护器，它是通过一个未经过污染的外部气源，向佩戴者提供洁净空气。绝大多数设备尚不能提供完全的保护，总有少量的污染物仍不可避免进入呼吸区。

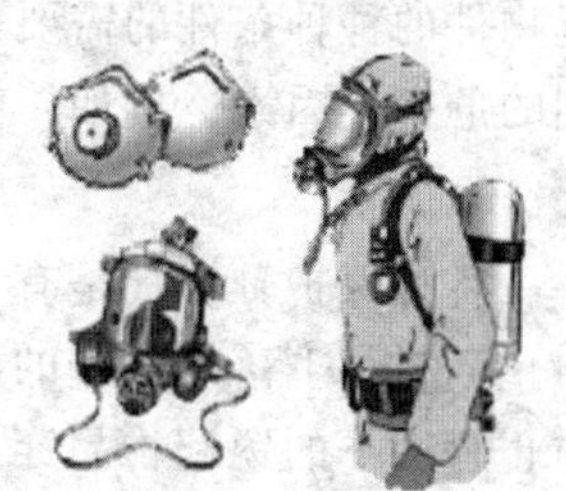

（四）个体防护用品

为了保护人体的健康，当人体暴露在一些有危害的环境内，如热、冷、辐射、冲击、湿、化学品等环境，则应提供身体的防护。

1. 头部保护

头部防护普遍采用安全头盔和安全帽。它们的功能是提供对阳光和头部冲击的防护。安全帽对冲撞的防护能力是相当有限的，它主要是在有限的空间中提供对撞击的保护，因此，它代替不了安全头盔。安全头盔的使用寿命在 3 年左右，当过长暴露在紫外线下或受到反复冲击时，其寿命还会缩短。

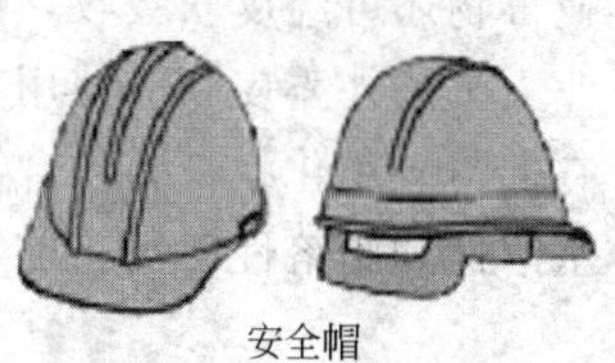

安全帽

2. 身体防护服

身体防护服分防尘服、防毒服、高温工作服、防火服、防静电工作服等。工业防尘服主要在粉尘污染的劳动场所中穿用，防止各类尘接触危害体肤；无尘服主要在无尘工艺作业中穿用，以保证产品质量。具有透气性、阴尘率高、尘附着率小的特点。防毒服用于酸、碱、矿植物油类、化学物质等作业人员的防护，分密闭型和透气型两类。前者用高浸透性材料制作，一般在污染危害较严重的场所中穿用；后者用透气性材料制作，一般在轻、中度污染场所中穿用。

如果是全身套服，在清洗时要注意防止破坏其工业卫生要求。衣服不能保持清洁和不能及时更换时，有可能会导致皮炎或皮肤癌。

3. 手套

手套要考虑到舒适、灵活的要求和防高温的需要及可能用其抓起物件的种种条件的需要等。同时，要考虑其价格和使用者可能遇到的危害等因素。例如，有无被卷到机器中的危险等。

4. 保护鞋

各种保护鞋设计是有其特殊保护功能的，如普通的防砸鞋就是防止当材料下落时对脚的砸伤，特别是对脚趾的保护。有的鞋用来防止脚底下的锐利物品穿透鞋底而保护脚掌。保护鞋应当防水、防滑，尺寸要合适。鞋的绝缘性、防静电性有时也是必需的。

（五）皮肤保护

护肤用品：在生产作业环境中，常常存在各种化学的、物理的、生物的危害因素，对人体的暴露皮肤产生不断的刺激或影响。进而引起皮肤的病态反应：如皮炎、湿疹、皮肤角化、毛刺炎、化学烧伤等，称为职业性皮肤病。有的工业毒物还可经皮肤吸收，积累到一定程度后引起中毒。对待特殊作业人员的外露皮肤应使用特殊的护肤膏、洗涤剂等护肤用品保护，它们与日用化妆膏霜、洗涤剂在功能、用途上有所区别。护肤膏分水溶性和脂溶性两类，前者防油溶性毒物，后者防水溶性毒物。

二、个体防护用品选用和管理原则

（一）个体防护用品的选用原则

正确选用优质的防护用品是保证从业人员安全与健康的前提。《劳动防护用品选用的规则》（GB 11651—1989）为选用劳动防护用品提供了依据。选用的基本原则是：

（1）根据国家标准、行业标准或地方标准进行选用；

（2）根据生产作业环境、劳动强度以及生产岗位所接触的有害因素存在形式、性质、浓度（或强度）和防护用品的防护性能进行选用；

（3）穿戴要舒适方便，不影响工作。

按照有关防护用品的发放规定，在下列生产作业情况下，生产经营单位应当为从业人员提供防护服或者围裙，并且根据需要分别供给工作帽、口罩（面具）、手套、护腿和鞋盖等防护用品：有灼伤、烫伤或者容易发生机械伤害的危险作业；在强烈辐射热或者低温条件下的作业；在散发毒性、刺激性、感染性物质或者大量粉尘的条件下的作业；经常使衣服腐蚀、潮湿或者特别肮脏的作业。具体来说：

① 对在具有危害健康的气体、蒸气或者粉尘的工作场所内作业的从业人员，生产经营单位应该为其提供适用的口罩、防护眼镜和防毒面具等；

② 作业中存在有毒的粉尘和烟气，可能伤害口腔、鼻腔、眼睛、皮肤的，生产经营单位应提供漱洗药水或者防护药膏；

③ 对在有噪声、强光、辐射热和飞溅火花、碎片、刨屑的工作场所内作业的人员，生产经营单位应当为其提供护耳器、防护眼镜、面具和帽盔等；

④ 经常站在有水或者其他液体的地面上操作的人员，应由生产经营单位提供防水靴或者防水鞋等；

⑤ 高空作业人员，应当配备安全带、安全帽；

⑥ 电气操作人员，应当根据需要配备符合安全要求的绝缘靴、绝缘手套等；

⑦ 经常在露天作业的人员，生产经营单位应当为其提供防晒、防雨的用具；

⑧ 在寒冷气候中必须露天作业的人员，生产经营单位应为其提供御寒用品；

⑨ 在有传染疾病的工作场所，生产经营单位应为从业人员提供洗手用的消毒液，所有工具、工作服和防护用品，必须由生产经营单位负责定期消毒；

⑩ 对有可能产生有毒有害物质泄漏，造成人员中毒的场所，生产经营单位应配备防毒救护用具，必要时设立防毒救护站。

（二）危险化学品企业个体防护用品的管理

个体防护用品，是指在劳动过程中为了保护劳动者免遭或减轻事故伤害和职业危害，而由用人单位无偿提供给个人穿（佩）戴的用品，是保障职工安全和健康的一种预防性辅助措施，不是生活福利待遇。用人单位应根据企业安全生产、防止职业性伤害的需要，按照不同工种、不同劳动条件，发给职工个人劳动防护用品。用人单位应指导、督促劳动者在作业时正确使用。

1. 设立管理部门，落实相关责任

生产经营单位应由安全与职业卫生管理部门承担个体防护用品的主要管理职能，同时，该项工作还涉及质量、物资、财务、工会等多个相关部门。生产经营单位应将劳动防护用品的发放范围审核和使用情况监督、采购计划、劳动防护用品生产厂家选择及资格审定、劳动防护用品进厂验收、劳动防护用品保管和发放等工作，划分到各个相关部门，并将责任落实到人。

2. 制定个体防护用品管理制度

生产经营单位个体防护用品管理制度可包括以下内容：个体防护用品管理部门、人员，需要配备个体防护用品的工种，发放个体防护用品的种类与周期，从业人员使用个体防护用品的培训、维护

保养办法等。个体防护用品管理制度可以企业标准的形式或作为企业的一项制度，由企业的最高管理者签订、施行。

3. 选择劳动防护用品生产厂家

在确定了需要配备的个体防护用品的种类之后，就需要进一步选择劳动防护用品的生产厂家或者品牌。为保证劳动防护用品的质量，我国特种劳动防护用品实行3证制度，即《生产许可证》、《安全鉴定证》和《产品合格证》。生产特种劳动防护用品的企业，除了应具有《生产许可证》外，应按照产品所依据的标准对产品进行自检，并出具《产品合格证》。特种劳动防护用品在出厂前，应接受地方劳动防护用品质量监督检验机构的抽检，检验机构按批量配给《安全鉴定证》。购时应注意选择3证齐全的厂家生产的防护用品。

4. 培训从业人员正确使用防护用品

使用者必须了解个体防护用品的使用限制、正确的使用方法、正确的佩戴方法及必要的保养方法。使用呼吸防护用品前，应认真检查各连接部位是否有损坏，检查气密性，以及与佩戴者的适合性、舒适性。

对于危害严重的作业场所，由于个体防护用品在现场使用的过程中会沾染有害物质，若穿戴不当可能带来新的污染，对人员健康造成危害，因此，需要对其穿脱顺序进行规定。存在颗粒性致病因子（有毒有害的尘、烟、雾，放射性尘埃、病原微生物等）的场所，穿脱防护用品的顺序为以下两个方面。

（1）穿戴顺序。首先检查呼吸防护用品的气密性、佩戴呼吸防护用品，然后戴帽子或头罩、眼罩，穿防护服、防护鞋（鞋套），最后戴防护手套。

（2）脱去顺序。首先去掉眼罩，放入消毒液中，然后脱去手套（脱的过程中手不能触摸到手套的外表面）、防护服、帽子、鞋（或鞋套），最后去掉呼吸防护用品。

5. 从业人员个体防护用品使用的监督

为保证作业人员在作业过程中正确使用个体防护用品，需要对其使用状况进行监督。有些危害因素严重的企业，将防护用品使用的监督工作交由生产班组负责人，并将是否使用个体防护用品作为安全生产的一项考核指标，与作业人员的收入挂钩，收到了较好的效果。

6. 个体防护用品的维护与保养

要经常组织对防护用品进行清洁、检查和维护，使防护用品处在可以安全有效的使用状态下。

7. 个体防护用品的报废与更换

个体防护用品的使用期限应考虑腐蚀作业程度、受损耗情况以及耐用性能等情况。在下列情况下，个体防护用品应作报废处理。

（1）不符合国家标准、行业标准或地方标准。

（2）在使用或保管储存期内，遭到损坏或超过有效使用期，经检验未达到原规定的有效防护功能最低指标。

生产经营单位只有按照法律法规的要求，依照相关标准认真进行个体防护用品的管理，才能真正保护从业人员的安全与健康。

三、班组个体防护用品的管理措施

在危险化学品这样的职业危害严重的企业，个体防护用品起着

举足轻重的作用。据不完全统计，在各类伤亡事故中，有15%的事故与个体防护装备有关。个体防护用品的管理存在的一些问题却被忽视：有些危害严重的企业没有按照要求配备防护用品，但更多的是许多班组没有真正抓好个体防护用品的管理和使用；有些即使配备了防护用品，因维护保养不当或更新不及时，无法正常使用，没能起到应有的防护效果；或者操作人员不了解其用法、适用的环境、条件、维护保养方法和使用过程等，不使用或不能正确使用防护用品。因此，班组长及班组安全员要切实做好班组个体防护用品的管理工作，使个体防护用品在受控状态正确地发挥作用，有效地保障班组人员的安全和健康。其内容应包括：正确选择、使用、现场存放、维护、更换、日常监督等。

1. 识别每个工作场所的危险因素，提供正确类型的个人劳动防护用品

劳动防护用品都是为防护特定的危险因素而设计的，一旦选用错误，危害极大。而最熟悉工作场所危险因素的就是企业生产一线的班组。班组长应该协助在每个识别出危险因素的工作场地或设备上，清楚地标出需要佩戴的个体防护用品。标记可以消除班组成员对是否佩戴劳动防护用品的疑问，提醒班组成员在此必须佩戴防护用品。2005年，沈阳市某单位在空调井维修过程中，发生了1起3死1伤的恶性事故。1人先在氧气不足的密闭井里被熏倒，后面3人为救人错误地使用了过滤式防毒面具。正确的劳动防护用品应该是空气呼吸器。如果该单位能够对密闭井的缺氧因素进行识别，制定开盖换气达到规定时间后，用火柴能否在井内正常燃烧来判断氧气是否正常的控制措施，这起事故就会避免。后面3人如果掌握正确使用个体防护用品的知识，就不会造成事故的扩大。

2. 培训班组成员正确使用和维护自己的个体防护用品

班组长组织班组安全活动的时候，通过适当的指导、演示、员工试用等培训手段，通过口头和书面两种方式，告诉需要佩戴个体防护用品的每个班组成员：①为什么必须使用劳动防护用品；②什

么时间、什么地点需要使用；③怎样使用；④怎样保管；⑤使用中的注意事项。保证个体防护用品的正确使用，达到人人都懂，个个会用的目的。

3. 为个体防护用品提供适当的存放场所

凡发给车间、工段、班组公用的劳动防护用品，应指定专人管理。如有丢失，要查清责任，折价赔偿。属于借用的，应按时交还。班组成员是个体防护用品的直接使用者，对于公用的个体防护用品，应该告诉每个班组成员在什么地方储存和储存的方法。如果不能直接看到里面存放的防护用品，则应该在储存地点外准确醒目地标示出储存的个体防护用品的名称、数量等信息，并保证存取及清点方便。用完后要及时归位。

4. 防护用品的维护和更换

任何个体防护用品的使用效率都可能随时间和重复使用而减少，为了保证个体防护用品的正常使用，正确的维护是十分必要的。为此，应该建立维护计划。指定一组人负责个人防护用品的维护，让所有使用它的工人都知道怎样保存、定期清洗和维护、出了问题应由谁负责。为清洗提供物质支持，例如提供好的冲洗、清洗设施。一定要使所有的备件在任何时候都能得到。

5. 日常监督

工作场所内存在的危害并非每天都引起死亡、受伤和疾病，这就给从业人员一个错觉，认为个体防护用品是不需要的，因此，班组长要时常提醒、教育提高班组成员的安全意识，并结合相应的管理手段加强日常监督管理。定期对不同的工作场所进行巡视，识别隐患和不安全行为，包括检查是否在需要使用个体防护用品的岗位没有使用个体防护用品。安全检查人员一定要在发现问题后立即纠正错误行为，并写出不安全情况的书面记录。对正确使用个体防护用品的员工应给予鼓励，对不使用个体防护用品的员工应给予批评教育，并要做到持之以恒。并对检查中发现的问题要及时整改。对结果进行汇总，针对各个环节存在的不适合、不完善、不满意、不

足等情况，结合单位的资源情况，对每个环节提出改进目标。通过一点一滴的改善，逐步达到理想的状态。

第八节 习惯性违章行为的控制

危险化学品行业是一个技术密集型产业，具有高温、高压、易燃、易爆、有毒、有害等特点。为了确保化工生产的安全，国家和地方政府制定了一整套化工安全生产规章制度，为减少人员伤亡和国家财产损失起到了重要作用。

据初步统计：全国每年有70％～80％的事故是由人的不安全生产行为造成的，所以加强人的不安全生产行为管理，是企业避免事故发生的重点。生产中的人的生产行为可分为两类：一类是安全生产行为；另一类是不安全生产行为。后者是指人的生产行为违反客观规律、违章指挥、违章作业、违反劳动纪律的行为。不安全生产行为又有两种：一种是习惯性违章行为；另一种是无意识违章行为。习惯性违章行为是指有章不循，有禁不止的习惯性行为。从化工行业每年发生的事故上看，习惯性违章行为是导致事故发生的重要因素，约占人为事故的60％左右。习惯性违章是企业面临的老大难问题，也是久治难愈的顽疾。因此，制止和杜绝化工生产中的习惯性违章行为是企业搞好安全生产的重点。

何谓习惯性违章？专家解释说，当一种错误的生产行为被时间慢慢积淀，继而转化为一种习惯性的思维甚至是被误以为正确的理念时，隐患就形成了。譬如，在炼油企业的易燃易爆区使用铁制工具开、关阀门，拆卸螺丝、法兰等作业便是一种习惯性违章。这样做容易产生火花，如果遇到可燃介质泄漏，就可能导致火灾、爆炸等事故。正确的做法是，在易燃易爆场所要用防爆工具作业，并设置醒目安全标识。

一、习惯性违章行为所造成的危害

（一）造成企业的事故频次增多，人员伤亡和财产损失严重

1997 年 8 月 28 日化肥厂供销处三名卸油工违章进入油罐槽车中作业引起火灾，三名卸油工当场死亡。经查这起火灾事故就是由于习惯性违章造成。在此之前这三名职工经常进槽车往外舀油未发生事故，所以无论是领导还是职工都存有麻痹大意及侥幸心理。他们没有想到由于盛夏气温高达 28℃以上，造成可燃气体迅速积累达到爆燃范围，如有静电及其他火花立即起火燃烧。其教训是极为深刻的。

同样，触目惊心的吉林石化爆炸事故也是一个现实的教训。吉林石化爆炸事故的直接原因是当班操作工停车时未将阀门及时关闭，误操作导致进料系统温度超高，长时间后引起爆裂，随之空气被抽入负压操作的 T101 塔，引起 T101 塔、T102 塔发生爆炸，随后致使与 T101、T102 塔相连的两台硝基苯储罐及附属设备相继爆炸。爆炸现场火势的继续增强，引发装置区内的两台硝酸储罐爆炸，并导致与该车间相邻的 55 号罐区内的一台硝基苯储罐、两台苯储罐发生燃烧。

（二）造成企业经济负担过重、效益下滑

最典型的一起事故是某化肥厂氨水储槽爆炸事故。1991 年 1 月 26 日晚 19 时左右氨水储槽液位已达 14 吨，当班操作工将氨水倒送 4 号球罐，为图方便省力气严重违反先开放空阀再开加压阀的操作程序。因加压时间过长，又未能及时打开放空阀，最终导致氨水储槽于 20 点 20 分爆炸，该操作工当场死亡，直接经济损失达 7 万余元，不仅影响企业经济效益的增长幅度，并且在处理事故及善后工作中投入许多人力和财力，事实再一次证明没有安全生产就没有企业的经济效益。

从以上事故案例看出，习惯性违章作业是引发事故的直接原

因，危害极大，既造成企业财产损失又造成人员伤亡，对正常生产经营秩序和企业形象构成严重影响。

二、习惯性违章行为存在的原因及特点

（一）习惯性违章行为存在的原因

1. 安全规范意识淡薄

由于每一次习惯性违章不一定都会发生事故，使员工模糊了习惯性违章与事故发生之间的必然联系，进而产生了值得冒险的念头。还有部分员工，自认为技术好、能力强、工作经验丰富，形成了胆大妄为的工作作风。另外，由于不能正确处理任务数量、效益成本与安全质量之间的关系，对片面赶进度、抓效益可能引发的事故及后果的严重性缺乏估计和预想，因而产生了“该投机时就投机，该取巧时就取巧”的错误思想。

2. 部分员工素质不高

一是新员工对标准规范吃得不透，工作经验缺乏，业务技术不高，安全意识欠缺，是非鉴别能力不强，衡量对错的标准尺度没有彻底成型；二是有的老员工安全专业技术知识不够，原有的经验与新设备、新技术的要求脱离；三是有的管理者虽然知道却不愿用新的安全技术理论指导实践，依然沿用旧的方法，存在思想上的惰性。

3. 责任监管效果欠佳

一是安全管理制度建设不完善，有些制度过时却不能及时修正，有些制度或部分内容相互矛盾，还有些方面则缺少相应的制度；二是有的领导对自身的监管不力，导致上行下效，使反习惯性违章层层弱化；三是有些监管人员无所作为，不深入基层，不跟踪新技术、新标准、新教程，或者碍于人情，在考核时避重就轻、敷衍了事，甚至“刀下留情”、“一放了之”。

4. 员工间监管不够

有的因为自身技术能力原因无法对他人实施监管，有的从思想

和行为上排斥他人的监管，还有的员工常以“与己无关”的态度对待周围发生的习惯性违章，乐于当“老好人”，这些都使反习惯性违章效果大打折扣。

5. 企业领导厚生产薄安全，存在较重的侥幸心理

某些企业领导片面追求经济效益，普遍存在厚生产薄安全，侥幸取胜的心理。如：某企业在精萘生产过程中正逢产品市场畅销，每吨可赚数千元。于是，当下料发生泄漏，需要补焊时，该车间领导为了争取时间，不执行动火安全规定，想当然，凭经验随意起火，结果引起精萘着火，造成整个生产装置被毁，直接经济损失达一百多万元。事后该企业厂长深有体会地说：“侥幸心理是安全生产的大敌”。

（二）习惯性违章行为的特点

“三违”不反，事故难免。习惯性是事故的祸根。如果企业治理好习惯性违章就稳住了安全生产过程控制的根基。但安全生产的重要性好说，习惯性违章难治。习惯性违章具有四大显著特点。

1. 具有相当的顽固性

常会重复发生，直到受到伤害或者受到处罚时，才会清醒一阵子，过后又“好了伤疤忘了痛”。

2. 具有一定的隐蔽性

如工作现场不遵照相关法律法规行事、不遵守规章制度办事、不按规程操作、不执行安全技术措施等，不到现场或监护人责任心不强就根本不能发现和制止。

3. 具有很强的污染性

习惯性违章不仅对安全生产有直接威胁，而且对其他人特别是新进入和从众心理严重的员工具有很强的污染性，误认为某种省事省时和投机取巧的违章指挥、违章操作是正确的，盲目跟着学，常常一个操作安全操作行为很规范的人到了一个操作行为不规范的班组里，其行为也会变得不规范起来，不知道正堕入危险的境地。

4. 排他性

有些习惯性违章的工人，对安全规程根本学不进、不遵守，总以为自己的习惯性方式“最管用”，而安全规程是“可有可无的东西”。其结果必然严重地妨碍安全规程的贯彻执行。

三、如何变习惯性违章为习惯性遵章

习惯性违章是一果多因，背后深层次的原因极其复杂。变习惯性违章为习惯性遵章是一项系统工程、长期而艰巨性工作。反习惯性违章的控制方法，总的说来就是领导要带头、重点放在企业班组、对员工严要求。

“安全”是一个永恒主题，各级领导对安全生产都比较重视。每年也都要开展各项安全活动，如开展“百问百查”、“安全生产一百天”、“春、秋季安全生产大检查”等，都是杜绝习惯性违章的一种好方式，好活动。各级领导，既是生产的决策指挥者，又是安全生产的责任者。如果一把手把杜绝习惯性违章活动当作安全生产工作的头等大事来抓，率先垂范，则其他领导及员工也就不可小视。反之，杜绝习惯性违章工作也只能留于形式。

安全生产的主体是班组，班组又是杜绝习惯性违章的前沿阵地。无数例子表明，行业内，由习惯性违章所诱发的事故中，有95%以上发生在班组，可见杜绝班组习惯性违章意义重大。班组内杜绝习惯性违章的主要目的是杜绝人身伤亡事故、无重大损害设备事故以及无误操作事故的发生。班组要从控制不安全苗头着手，要坚持不懈地抓异常、抓未遂。

杜绝习惯性违章，人人有责。作为企业员工，应积极投身到杜绝习惯性违章活动中去，认真学习安全工作规程，从我做起，从现在做起，从一点一滴做起，严格执行安全工作规程中的各章、各节、各条；作为企业员工，提高思想意识，绝不能认为杜绝习惯性违章是领导的事，是别人的事，而不是自己的事；作为企业员工，要善于学习业务技术知识，不断提高业务能力，从各类事故通报中吸取教训，对照案例，举一反三，查找不足，以防类似事故再次发生。

具体说来，需要做到以下几点：

（一）变习惯性违章为习惯性遵章需要从团队作风抓起

在安全生产问题上，很多人反复强调：安全生产水平取决于安全意识、安全能力等。安全意识、安全能力从何而来？需要教育、需要培训、需要管理等，但更需要团队作风的支撑。一个团队具备什么样的作风，才会形成什么样的安全意识、安全能力。真正在安全生产上的成功不是说暂时没出事，而是能保持安全生产稳定形势更长、能在复杂情况下走得更远。换句话说，作风不扎实，习惯性违章屡屡发生，不出事是不正常的，出事才是正常的，只是“倒霉”事让张三还是李四碰上。

从安全生产做得成功的单位来看，打造“五个一样”的团队作风至关重要，这就是白天和晚上一个样，领导在场和不在场一个样，情绪好和情绪坏一个样，有检查和没有检查一个样，关键时刻和平时一个样。

1. 白天与晚上一个样

这是当前必须解决好的时代课题。晚上工作时，作业区的光线条件不如白天，容易出现身心疲劳，精力不集中，无形中降低工作标准，图省事而放松执行安全生产《规程》。如何从抓好这种薄弱环节入手培养过硬作风，保持在夜间施工或作业时，对违章能及时发现和制止，对隐患能及时整改，不让夜晚成为安全的“盲区”，是变习惯违章为习惯性遵章的重要一环。

2. 领导在场和不在场一个样

就是要在安全生产上摈弃做给领导看的浮飘作风，养成对自己和他人负责的良好作风。有的员工在执行安全规章上，当领导在现场指导工作时，极为认真，生怕工作上出现纰漏被领导当场发现。而当领导不在场时，容易表现另外一番情形：工作时随意而为，习惯性违章行为不断出现。判断哪个单位安全基础牢不牢？员工是否

实现从“要我安全”到“我要安全”的转变，其实并不复杂，领导检查无须事先打招呼，直奔现场就是了，就看是否领导在不在场一个样。

3. 情绪好和情绪坏一个样

情绪化行事是安全生产之大忌。员工心理状态是维系安全生产的重要因素，对遵守安全规章制度和工作质量有着重要的影响。作为管理者，应当给予员工更多的了解、沟通和关心，对员工产生的各种不良情绪，及时进行排解。同时要培养员工个人情绪再大也不能带入工作的良好作风，让员工牢记：对安全生产不负责就是对企业和自己不负责。

4. 有检查和没有检查一个样

有的单位只是为了应对上级安全检查，防止扣分或罚款，才被“赶鸭子上架”、老老实实去遵守安全规程，而没有把上级检查作为提高自身安全管理水平的难得机会。少数人对上级检查出来的问题，千方百计大事化小，小事化了，检查过后，就“刀枪入库”或“马放南山”，应该执行的制度没有坚持执行，应该整改的隐患没有整改到位，检查过后安全隐患出现反弹。在安全检查中能做好并不是安全生产真水准，没有检查照样按安全规程行事，才是硬作风、真安全能力。

5. 关键时刻和平时一个样

关键时刻，上级重视、领导到现场，安全生产都能做好。这在很大程度上是外部压力逼着自己这么做的，而平时工作环境发生变化、工作重点发生转移，贯彻落实“安全第一，预防为主，综合治理”方针容易松动。较多的事故发生在平时，原因就在于此。因此，关键时刻一两次没出事不算真过硬，平时一板一眼执行安全生产制度，才是实打实。变习惯性违章为习惯性遵章，既要看关键时刻是否平安无事，也要看平时安全管理基础是否牢靠无漏洞。

（二）变习惯性违章为习惯性遵章需要从领导干部做起

领导示范带动是变习惯性违章为习惯性遵章的“发动机”。领

导执行规章表里不一、言而无信、左右摇摆，势必影响整个安全管理体系的紊乱。

1. 领导要从带头执行安全规章制度上做起

要求下级进入作业现场“三穿三戴”，自己首先要带头做出好样子。领导不这样严格要求自己，而要求下面严格执行规定，不执行就处罚，职工口服心不服，当面不说背后骂人，不可能自觉按领导说的办。

2. 领导要从依照安全规章秉公赏罚上做起

安全生产的特殊性在于不能来半点的失误和疏忽。有的人做事确实很好，但安全生产却问题不断。对于安全“零容忍”的问题，作为领导者不能有半点的“心慈手软”，必须严肃处理，这是原则问题。领导放弃原则就等于放弃方向，对整个团队失去领导力。

3. 领导要从时刻把握安全底限做起

安全、效益、进度是企业工作一对长期的矛盾。如何正确处理这种矛盾是考量领导思想作风和领导能力的重要内容。领导要有尊重科学、正确估价部属的实力，不能因为追求一时的面子，而逼着下面放弃安全生产去追求暂时的利益和虚荣。安全第一，首先在领导决策中坚定不移，其他问题都可以弥补，酿成事故无法弥补。在改革发展中冒点经营风险值得，但冒安全风险是不值得的。只有在确保安全的前提下，才能实现又好又快的发展。

（三）变习惯性违章为习惯性遵章需要从提高工艺设备操作规程的严密性和规范性做起

在工艺设备操作中坚决杜绝随意改变和变动工艺规程、工艺条

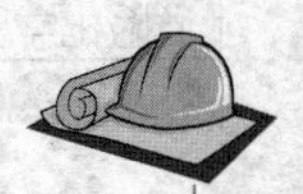

件及工艺要求，切实保证从制度上杜绝由于违章而造成的事故。把严格按照安全规章制度办事作为头等大事来抓。针对操作规程不严密、不规范等现象和问题，通过完善各种规章制度，切实加强安全监督管理、充分发挥安全员和各级管理人员的积极性，从思想上、组织上、措施上落实整改工作。

（四）变习惯性违章为习惯性遵章需要从加强生产现场的安全管理做起

生产现场是企业生产的主战场，统计表明 95%以上的事故是发生在生产现场。所以，加强生产现场的安全管理十分重要。

由于习惯性违章产生于生产现场，而生产现场安全管理又是由人、机、环境三个方面构成的，所以，为了减少和制止习惯性违章行为就不能单方面强调人的因素。如果生产现场的工艺设备和生产环境不科学不严密，那就易使人产生习惯性违章的动机。如：一些中小型化工企业，由于操作环境不好，噪声过大，使人心烦头昏，就会使操作者习惯性违章，远离和不愿进入操作场所。因此，有目的有计划地改进设备，改变环境是企业减少人的习惯性违章行为的根本途径。当然，人、机、环境三个方面中人的因素是主要的，人能改善设备和环境，只有解决好人的能动性，才能使各种安全规章制度与人的生产行为有机的结合起来，达到合情合理，这样才能从根本上减少和制止习惯性违章行为。

随着化工产业和企业的改造与发展，工艺设备上的不安全因素将会逐渐减少。然而不管技术如何先进，设备如何优良，都是由人及人机系统控制的，如何提高人的素质、并具有较高的责任心及使命感，将是当前和今后做好企业安全工作的关键环节。江泽民总书记曾指出："隐患险于明火；防范胜于救灾；责任重于泰山"，这话告诫我们要想避免事故就要从发生事故的源头抓起，从化工生产中人的习惯性违章行为抓起，增强防范意识。只有全体职工安全意识提高了，企业安全工作才有保障。

（五）变习惯性违章为习惯性遵章需要从培养执行文化做起

据科学数据统计，约200次违章会酿成一次事故。这说明有可能199次违章能把事情做成而不会发生事故。如果对发生事故之外的199次违章没发现、没制止，就会给人留很多侥幸和错觉。这是一种不良而有害的文化。变习惯性违章为习惯性遵章就是要洗涤这类劣质文化，大力栽培良性的执行文化，激励员工以万分的努力，防止万一的发生，用责任和细心追求永恒平安的风气。

1. 让执行简单可行

执行力的高低并不取决于有多少制度，而取决于对制度执行的力度有多大。一项制度执行不下去，可能影响多项制度成摆设。目前，我们很多基层单位安全生产制度多得惊人，上级下了一种安全生产规定，下面抱着无类似的规定不好交代的心态，“大干快上”定制度，上面的原则不能少，本单位的事项不能漏；引用上面的，加上自己涉及的，越制定越烦琐，让员工根本学不过来，何谈执行下去？

这不是一种科学管理的思路。科学管理就是把复杂的事情简单化，把简单的事情可操作化，把可操作的事情可度量化、数字化，把可度量、数字化的事情可考评化，就是说让执行简单可行。有些制度根本就无法执行，不如待时机成熟再下达；有些制度能浓缩到10条就绝不要增加到11条、甚至100条，否则，影响制度的权威性和认可度。制度建设不只是制定新制度，更要简化和疏理不合适的旧制度，使规章制度由繁到简上，提高制度的有效性和防止制度之间的冲突。

2. 改“以罚为先”为“以奖为先”

我们常听到一些人说：“只有重罚能防止类似行为的再度发生”。这是一种“以罚为先”安全管理模式的代表性说法。“以罚为先”安全管理模式就是以安全奖金全额为上限，对安全目标和过程进行倒逼扣罚，不扣罚就是奖励、肯定和表扬，被扣罚的就是做得较差，多扣罚比少扣罚的做得更差。采取这种模式，管理者本来出

于好意，但好心常被当作“驴肝肺”，部属常常不配合、不领情；管理者总怪员工不懂事，可员工心里更不快活，安全生产奖惩给他们的感觉和印象就是扣钱。

在某些流程中变“以罚为先”为“以奖为先”。安全奖惩重结果轻源头也不利于执行文化形成。我们应当大力建立正激励机制，让执行安全规程规章的人香起来、收入高起来，这样才有利尽快形成执行上的主动和自觉。

3. 用情感激励方式造就安全生产佳境

情感激励就是运用柔情管理方式，站在员工的角度上，以爱护、关心、帮助的情感去调动职工的积极和创造性，贯彻“关心职工生命安全和家庭幸福为中心”这根主线，而不是刚性地单纯向员工灌输“你要安全”观念。

现代心理学告诉我们，管理者对员工的态度往往会起到一种暗示的作用，积极的态度产生积极的暗示，消极的态度自然产生消极的暗示。情感激励就是一种积极暗示，可以有效地发挥员工的潜能。

从先进企业的成功管理经验来看，情感激励使员工乐于参与企业安全管理，达到事半功倍的效果。在日常生产中，管理者应关心员工的思想和生活，必要时可将安全管理的触角延伸至家庭，多送温暖，以情感人，动员员工的亲属向其多吹“耳边风”，通过亲情潜移默化的作用，促使员工树立起“我要安全”的理念。

如何开展情感激励呢？首先，在企业大家庭里营造“关爱生命，构建平安”的人文环境。提炼一些引起员工共鸣的关爱警句，张贴在企业醒目位置，如，“安全是根绳，系着全家人”、“一时粗心终身悔，一个受伤全家痛”、“明天比今天更阳光，让我们共筑平安永远”等激励员工珍惜生命，关注安全；其次，制作一些反面教材，以事故为鉴，将典型的安全事故案例汇编成册，把别人的事故当作自己发生的事故，刺激员工举一反三，从中吸取教训；再次，开展喜闻乐见的安全文娱活动，如举行安全书法、摄影、征文、文艺节目等，使“遵章受益，违章受害”深入人心，变被动执行为主动参与，达到“润物细无声”的效果。

第六章

班组安全文化建设的方法与实例

安全文化是人类在社会发展过程中，创造各种价值的活动中，为维护自身免受伤害而创造的各类产品及形成的意识形态领域成果的总和，是人类在生产活动中所创造的安全生产、安全生产的精神、观念、行为与物态的总和；是安全价值观和安全行为的总和；是保护人的身心健康，重视人的生命，实现人的价值的文化。倡导、弘扬和宣传安全文化，营造珍惜生命、善待生命的安全文化氛围，形成科学的安全习俗和安全行为，是实现安全生产和生活的重要途径。安全文化体现为每一个人、每一个单位、每个群体对安全生产的态度、安全工作的思维程度及采取的行动方式。它渗透到人们一切生活及生产活动中，作用于每一个人身上，控制着每一个人的行为。因此，大力发展企业安全文化以及班组安全文化，使它能够规范人的安全行为，组织及协调安全管理机制，使生产进入高效的良性状态。

第一节 安全文化建设的内容

“安全文化如果嵌入每名职工的脑子里了，安全保障也就掌握在了每个人的手中。”澳大利亚是世界上第四大产煤国，最大的煤炭出口国，同时澳大利亚煤矿安全被誉为世界上最好的，每百万吨死亡率为 0.014 左右。所有这一切安全成绩的取得归结于安全文化的魅力。他们把安全文化的内涵浓缩成两点：一是创造安全的工作环境，二是强调安全监督机制建设和培训管理，培养职工做出正确的安全决定的能力。从澳大利亚煤矿安全的经验和实效来看，安全管理已经从传统的规范性法律约束改为强调以风险评估为主导的管理，建立系统、科学、细致的安全文化则是预防事故发生的长效做法。

一、安全文化的内容

安全文化包括安全观念文化和安全行为文化。安全观念文化是对安全活动、安全行为、安全环境、安全事物、安全标准、安全原则、安全实现条件等的基本态度和观点的总和。人们在生产过程中，所具有的特定的安全观念，导致不同的安全认知和态度，从而影响着对安全的规划、决策、管理和指挥。

安全行为文化是指企业职工受意识、观念、态度等认识影响，在生产中表现出来的安全行为方式和形式，具体表现为安全思维、安全学习、安全指挥、遵守规章、应急行动、安全操作、安全组织性和纪律性等安全活动。在企业的生产中，常常出现操作者违章作业，甚至生产管理者违章指挥。分析这些违章的原因时，发现都是由于违章者缺乏遵守安全规章制度的自觉性。自觉性是人的意志品质，是指人能意识到自己行为目的和意义程度的大小。对行为后果的认识不同，人们即使面临同一环境也会采取不同的行为方式。这种支配行为能力的形成，主要取决于人的文化素质。

企业安全文化是以具体的形式，制度和实体表现出来的，并可分为不同的层次。表层企业安全文化是指可见于之形、闻之于声的文化现象。如企业的厂容厂貌、厂风厂纪、安全文明生产环境与秩序等。中层企业安全文化是指企业的安全管理体制。它包括企业内部的组织机构、管理网络、部门分工及安全生产法规与制度建设。深层企业安全文化是指沉淀于企业及其员工的心灵中的安全意识形态。如安全思维方式，安全行为准则，安全道德观，安全美学观，安全价值观。它是企业员工对安全问题的个人响应与情感认同。

这三个层次中最重要的是深层企业文化，它支配着企业职工的行为取向，而表层企业安全文化、中层企业安全文化的状况也会反作用于企业的深层安全文化。

二、提高企业安全文化水平的途径

“它山之石可以攻玉”。建立具有行业特色的安全文化，必须始终贯彻安全高于一切、生命重于一切的思想，充分发挥安全文化在安全管理中的影响力和渗透力。

（一）营造良好的管理环境促进企业安全文化建设

1. 为班组营造良好的管理环境

部门（车间）要为班组营造良好的管理环境，一是凡班组长在管理中遇到难题或麻烦，部门领导要挺身而出为其解围；二是尽最大可能帮助班组解决人、财、物方面的需要；三是班组长对不能解决的问题，要善于请教；四是职能部门要勤检查、常过问，并予以指导。

2. 为职工营造良好的心理环境

心理环境是职工普遍具有的心理，它包括一定的价值观、社会规范、习惯和凝聚力，是一种不以个人意志为转移的客观存在，对于职工来说，良好的心理环境，可以促使职工增强安全意识，可以使职工自觉主动地预防工作中的事故发生。反之，心理环境不好，会使人变态、麻木和消沉，降低预防事故发生的能力。企业和部门领导要高度重视心理环境对职工安全意识影响的十个方面的问题：①家庭不和，思想苦闷，不顾安全；②恋爱结婚，心不在焉，忘记安全；③家庭困难，考虑家务，不记安全；④过年过节，精力分散，影响安全；⑤休假前后，特殊心情，不注意安全；⑥经济紧张，工作蛮干，不顾安全；⑦酒后上班，迷迷糊糊，危害安全；⑧下班交班，手忙脚乱，忽视安全；⑨急于下班，交接不清，轻视安全；⑩分配不公，情绪不稳，不利安全。因此，造就良好的心理环境，对搞好安全生产具有深远的意义，将产生积极的影响。

3. 牢固树立“安全第一，预防为主”的思想

“严”字当头，从严管理，把检查隐患，预防事故作为每个干

部职工的己任。一是充分发挥专兼职安全员的作用，让他们在安全管理工作中，自觉负责、主动负责、敢于负责。二是加强全员教育，增强安全意识，形成安全氛围，把“四不伤害”真正落到实处。

(二) 加强基层单元标准化建设

(1) 建立健全单元的各项制度，从人治为主向法制为主转变安全管理涉及企业方方面面的工作，加强安全管理是提升企业综合水平的有效措施，危险源的分析控制、风险评估与制定相应降低风险的措施及标准化作业就成为安全文化的一部分。尤其是每个环节的运作程序，要求员工必须遵守，避免因管理的漏洞或疏忽给企事业带来损失，只有规范的、法制化的管理才有规范的员工行为，这是安全文化建设的重要工作。行为管理是建立在设备、安全技术系统完善和规章制度健全的基础上的。

(2) 推进标准化作业和行为安全监督来强化行为管理标准化作业是强化行为管理的重要内容，一是工作环境标准，二是工作程序标准，即职工从上班开始，针对当日的工作任务，按操作规程的要求完成任务。行为安全监督是强化标准化作业的手段，其目的是避免所有伤残和职业病的发生，使每一个职工都能深刻感悟到保证自身和其他同事安全的重要性。

(3) 要落实好岗位日查、班组周查、车间（部门）月查制度；制订完善各种预案，让班组成员都熟悉；加强引导，让安全意识深入人心，人人重视。只有这样，才能为提高企业安全文化建设、预防事故、减少伤害奠定坚实的基础，也是建立安全生产长效机制的关键。

(三) 加强安全评价及检查

(1) 定期对企业进行安全文化评价；

(2) 定期进行某一系统（台套设备）的安全性评价；

(3) 定期进行安全生产责任制执行情况的检查；

(4) 定期审查职工安全文化素质，考评职工是否执行“四不伤害”的作业方法；

(5) 不断提高职工群众对安全的互监力度，不断提高职工的责任心；

(6) 推行安全责任目标考核，使安全管理工作形成“纵向到底、横向到边”的安全生产责任体系。

通过加强企业安全文化建设，逐步建立起符合企业安全生产特点，包括人员、设备、管理、培训、环境等各种要素可靠、完善的安全评价和安全责任体系，并定期进行评价、检查和考核，来及时发现各个生产环节的不安全隐患，有效地促进安全管理水平。

(四) 从被动防范向源头管理转变

风险分析包括风险评估、风险登记和风险处理 3 个层次，确定风险重要性的方法可采用火灾爆炸指数法的定量或定性技术。风险分析是一种系统化、标准化的过程，通过风险分析，使之成为持续的，前瞻性的管理工作，达到提高员工安全意识的目的。

从事后查处向强化基础转变，开工前安全措施落实是最基本的活动，也是风险评估的进一步延伸。装置、班组、作业人员在开工前讨论一下工作任务、程序、标准化要求。仔细想想、看看工作现场潜在危险的环境因素，员工精神状态等，由员工自己讲，落实任务后指定工作负责人等，并要检查现场环境和隐患。

(五) 严格安全奖惩

① 不断完善安全奖励制度及对违章违纪的处罚制度；

② 不断提高安全奖惩的力度，增强职工控制安全行为的自觉性。如黔江卷烟厂推行的“安保人员风险抵押金、临时工全年无事故奖励、全员实行月安全检查考核奖惩”的办法。有效地提高了全员参与安全的意识和积极性，有力地促进了事故隐患的整改，减少了“三违”现象的发生。

（六）加强安全教育、培训

强化对职工的职业培训，包括对法律法规及规章制度的宣贯、标准化作业及知识、技能的学习、潜在危险的认识和控制等内容，使职工更加全面掌握安全技能及安全知识，是改善人的行为、提高人的素质的重要手段。

① 不断完善对企业和各层次人员的安全教育、培训及考核制度，不断提高全员的本质安全文化水平；

② 对转岗、新上人员进行“三级”安全教育；

③ 开展多种形式的安全活动，通过多种形式的培训活动和寓教于乐的各种安全活动，对普及安全知识，增强全员安全意识，可收到良好的效果。

（七）加强科学研究，制定实施标准

① 提高对重大安全隐患立项研究的力度；

② 加强对设备安全性及安全技术管理的力度，不断提高人机环境系统本质安全文化水平；

③ 加强对技术改造的立项研究力度，真正做到“三同时”；

④ 经常组织各层次的安全问题研讨会，对生产经营中出现的安全问题及安全评价、安全检查中发现的问题进行研究；

⑤ 不断完善安全规章制度及安全技术标准，不断提高安全管理。如《安全管理规定》、《安全操作规程》、《防火、防爆、防尘、防毒管理制度》、《危险化学品管理规定》、《安全事故责任追究》等标准文件，在日常的安全管理中发挥了很好的作用。

（八）加强安全信息交流

一是加强内部的安全信息交流；二是加强行业内企业与企业之间的安全信息交流；三是积极参与行业举行的各种培训，达到信息交流的目的；四是通过媒体、安全资料、订阅安全报刊，不断提高安全文化建设的质量。

总之，安全文化是本质，有效地创造安全生产环境和事故预防机制，是安全管理科学发展、提高和升华，是企业安全管理工作的新招术、实举措，是企业安全生产发展到一定阶段后步入新台阶的一项基础性、战略性工程。只有将人的行为可靠性提高到安全文化的高度来认识，才能赢得劳动者的安全自我保护意识，增强人的自我保护意识的能力，达到最佳水平的安全结果，从而促进企业安全生产状况的持续稳定和企业的可持续发展。但企业安全文化作为一个安全管理系统工程，尤其对于化工生产而言，由于其易燃易爆、连续化生产、高温高压、技术密集的特点，任务非常艰巨，安全工作任重而道远，必须建立安全生产长效机制。

第二节 班组安全文化建设的方法和手段

企业安全文化就是在企业具体的历史环境及条件下营造一种安全气氛，将人们的安全需要化成具体的奋斗目标、信条和行为准则，形成企业职工的安全生产精神动力，为企业的安全生产目标而努力。人的安全知识、安全思维、安全观念、安全意识、安全行为、安全伦理道德、安康自护技能等不是天生的，也不是遗传的，是靠后天逐渐学成的。人的安全素质主要靠呵护、教育、培养和文化，通过政府、社会、家庭对人（孩童）的安全教化，使人对安全及自护的知识和技能由无知到知之，同时，在遭遇各种风险和灾难的实践与抗争中，吸取教训，总结经验，融合提升，优化发展，形成每个人活动的安全行为和自护本领。

从事故原因构成要素分析（人的不安全行为和状态、物的不安全状态、环境的不安全状态、管理上的原因）。人的问题是首要的原因，85％以上事故都是人的不良习惯、不规范行为、不正确的作业方式，即“三违”所致。一个企业要提升职工的安全文化素质，

除强化日常安全教育、管理、监督外，还要靠职工本身在各自不同的工作岗位上，不断实践，总结经验，用安全文化渗透和默化心灵，吸取前人的事故教训。同时，班组安全文化建设是企业安全文化建设的重要环节。要提升企业安全文化水平，首先得抓好班组的安全文化建设。

班组安全文化建设是企业安全文化的重要组成部分，搞好班组安全文化建设对安全生产管理具有重要意义。它需要从本班组原有状况出发，全面地考察本班组的文化背景，客观地分析班组成员价值观的取向和心理承受能力，分析班组安全生产的状况及事故隐患的失控危险，因势利导地推动班组安全文化建设。

一、班组安全文化建设的现状

班组是企业的最基层组织。一方面企业的大部分机械设备集中在班组，企业的生产任务要靠班组去完成，同时事故也多发生在班组，因此班组是企业安全管理的关注点。另一方面，先进的管理制度，科学的施工方法，合理的劳动组织，完善的安全措施，都要靠班组去贯彻、去落实，因此班组又是企业安全管理的落脚点。作为企业的领导，有责任指导和帮助班组抓好安全文化建设。作为班组，特别是班组长，则应充分认识安全文化建设在班组建设中的重要地位和作用，自觉抓好安全文化建设。当前，在班组安全文化建设中还存在种种错误思想，有些还十分严重。

（一）认为班组只要按照上级的要求，抓好日常安全管理工作就行了，抓安全文化建设是多此一举，班组搞没有多大必要

这种认识是没有看到安全文化建设对班组日常安全管理工作的指导作用。因为通过班组安全文化建设，可以营造安全氛围，宣传和传播安全知识，增强职工的安全观念，把安全作为生活与生产的第一需要，自觉地保护自己和他人；通过班组安全文化建设，可以

牢固掌握应知应会的安全科学知识，学会安全技能；通过班组安全文化建设，可以实践、开发和创新班组日常安全管理工作。由此可见，加强安全文化建设与抓好班组日常安全管理工作是一致的。

（二）思想认识存在差距

一是认为安全管理有职能部门，班组只是做样子，无需独立负责；二是班组长不是管理干部，力度不够，管理有难度；三是对安全工作存在“三多三少”的现象。即，谈到安全管理，往往是部门（车间）管得多，班组管得少，谈到安全教育，处罚多，宣传少，谈到事故预防，部门领导讲得多，如何强化安全意识考虑得少；四是安全意识淡薄，认为“安全问题越喊越出事”的唯心思想，严重影响了班组安全文化建设。这也是一种错误的认识。显然，在企业安全文化建设中，上级领导和机关负有重大的责任，但这不等于说班组负有的责任可以放弃或减轻了。因为企业安全文化建设的基本要求，归根到底要落实到班组，落实到每个职工，只有班组的安全文化建设加强了，整个企业的安全文化建设才会有牢固的基础。更何况安全文化建设具有层次性的要求，只有破除“上下一般粗”的做法，形成各自的特色，才能保持企业安全文化的生机与活力。

（三）认为班组安全文化建设只是抓虚的，不是抓实的，是物质条件不足以精神来补

这也是错误的。安全文化即人类安全活动所创造的安全生产和安全生活的观念、行为、物态的总和，它包括安全精神文化和安全物质文化。作为班组必须坚持两手抓，两手都要硬。一手要抓安全精神文化建设，向职工灌输安全理论，增强他们的安全观念，组织职工学习安全技术知识和安全规章制度，提高职工的自我防护能力，规范职工的安全行为；另一手要抓安全物质文化建设，配齐劳动防护用品、安全工器具，完善各种安全设施，改善作业环境。可见，加强班组安全文化建设，不仅要务虚，而且要务实，应使安全精神文化与安全物质文化共同进步，协调发展。

(四) 认为班组安全文化建设这个题目太大，应达到什么标准不好把握

虽说近几年来为了强化安全管理工作的力度，实现全员参与、全员重视，许多企业推行了基层单元标准化考核，但目前来看，有的只把机构建立起来了，而各种制度写不出来；有的开展了一些工作，只出于应付检查，根本没有让安全意识全员化，也就是没有让全员行动起来，消除隐患，减少事故；有的班组没有真正负起责任，仍被部门（车间）的工作所代替，不能独立开展工作；有的对开展这项工作比较模糊，无从下手。实际上加强安全文化建设的标准与日常安全管理工作的标准是一致的。比如，在安全目标上，应实现控制未遂和异常，实现事故零目标；在安全教育上，应实现教育内容、时间、人员和效果的四落实；在安全防护上，应做到劳动防护用品、用具齐全；在作业环境上，应实现隐患和危险处于受控状态。同时，要坚持改革和创新，不断总结经验，努力探索加强安全文化建设的新做法。

二、抓好班组安全文化建设的必要性

(一) 一个单位的安全工作关键在基层

班组是企业管理的最小集体，是企业的组成部分。搞好班组的安全工作，一是能更好地保障企业的安全生产，二是可以减少车间级的工作量，三是可以培养更多的管理人才，四是班组单位小便于管理，五是班组成员对岗位熟悉，一旦有人提出整改速度快，六是由于实行考核、与工资挂钩，班组人员重视程度增强。

(二) 有利于实现“零事故、零伤害”的目标

任何人都不愿意受到伤害或者患病，而希望安全。如果把这种愿望化作一种精神财富，提倡“大家一起来向零事故、零伤害挑战”，成为班组人员的共同意志，就容易得到班成员的一致拥护和

目标得以顺利实现。

（三）有利于隐患预知

由于班组成员对岗位都很熟悉，就容易对潜在隐患（危险因素）事先辨识出来，加以控制和解决（整改）从根本上防止事故的发生。

（四）有利于全员参与

由于人员少，便于管理，又与工资挂钩，只要班组长称职，就会使大家站在每个人的立场和工作岗位角度，主动发掘其所在作业场所中可能发生的一切危险因素，从而推进班组安全管理，营造出安全的氛围。

三、如何搞好班组安全文化建设

安全文化是企业文化在安全管理领域的表现形式，是企业文化的重要组成部分。安全文化一般包括物质基础、制度建设和精神领域3个方面，这与企业文化建设是一一对应、从属而立的。推进安全文化建设是确保企业文化建设协调发展、统筹兼顾的重要前提和步骤，建设企业文化就必须大力加强安全文化建设。如何切实、深入地搞好班组安全文化建设更是危险化学品行业的重中之重。

（一）组织保证

企业领导要高度重视，为班组安全文化建设创造条件；工区领导要大力支持，为班组安全文化建设出谋划策；安全部门要具体指导，为班组安全文化建设提供帮助。要加大班组安全装备和文化设施的投入，为班组安全文化建设奠定坚实的物质基础。不断引进先进技术，提高安全监测水平，升级管理模式，切实把改善工作环境、维护员工健康放在首位。力所能及地开展培训教育，为提高员工实践技能、业务素质和思想装备搭好台、服好务。其中要重点解决好

思想定位问题，不是为了实现安全工作目标去管理职工，而是为维护职工的切身利益去加强管理，从而确保各项目标的顺利实现。

（二）队伍建设

营造良好的学习氛围，是搞好班组安全文化建设的重要环节。班组不仅是完成任务的实体，也是孕育企业文化的细胞。班组成员在实际操作中的成功经验、失败教训、亲身感悟、点滴体会是形成班组安全文化的素材与源泉。班组长作为最基层的管理者，其自身素质和管理技能在很大程度上决定了企业的安全生产形势，也直接影响着企业安全文化的创建工作。做好班组长的选拔培养工作，一是要把好“人口”关，通过公开竞争和择优选聘等方式将最合适的人选到最适合的岗位；二是要把好“充电”关，采用定期和不定期的方式建立班组长长效培训教育机制；三是工作目标和个人目标结合起来，将企业发展和个人发展统一起来，不断提高员工适应新形势、开创新局面的实践技能和安全素质。只有舞好舞活班组长这个“龙头”，才能带动班组安全文化建设的顺利进行。

（三）形成理念

应着重培养班组群体的安全价值观和安全生产的主人翁意识，营造良好的安全氛围，逐步实现“要我安全”到“我要安全”的转变，使“安全是职工的最大福利”的思想深入人心，这也是安全文化建设的核心。动员全班人人讲、个个想、说身边的人、写身边的事，开展安全征文、安全演讲、事故原因分析、生命价值研讨等，让班员认识到安全源于警惕、事故出于麻痹，发生事故对己、对人、对家庭、对企业、对国家都不利，逐步形成安全文化理念。

（四）丰富内涵

在班组安全文化建设中，班长要因势利导，善于总结，从班员的发言、心得、演讲、班组安全记录、报刊、通报、上级指示精神、安全规章制度、安全法规中引摘核心内容，结合班组实际不断丰富班组安全文化建设的内涵，全面提升班组的管理水平。

（五）提炼结晶

班组安全文化是企业安全文化的重要组成部分，在班组开展的形式多样的安全文化活动中，班长要注意把班员抒发的豪情、事故分析得出的原因、挖掘意识收到的成果、总结利弊得到的启示和经验，通过归纳提炼为班组安全文化理念的结晶。通过整合特有的人力资源、管理资源和环境资源，以先进的思维理念去影响每一个个体，进而提高职工队伍素质，使安全文明之花盛开在企业的每一个角落，这是一条最为有效、最为直接的管理途径。

（六）强化意识

班长要在实际工作中细心观察班员的动感激情，注意从动感上寻思、伤感上找源，紧紧抓住班员操作结束一回到班组就情不自禁所说的“吃一惊”、“吓一跳”、“不是安全帽小命就送掉”，从忏悔中查根追源，按照“四不放过”的原则，在引导班员吸取教训、制订防范措施的基础上，按照短、明、快的要求形成班组安全文化格言、警句，绘制班组安全标志、图案，强化班员的安全意识，形成安全文化理念，牢固构筑班员安全思想防线，实现班组安全目标。

（七）发展创新

班组安全文化建设是一个动态过程，受班员文化结构和素质的制约和影响，并随着科学发展而发展、技术进步而进步，只有与时俱进、创新发展、丰富内涵才能保持顽强的生命力和完整的个性特征。安全文化源自安全管理，所有创新和发展必须建立在安全管理基础之上。把安全管理上升到文化创建层次，将为提升整体管理水平留下较大的发展空间。

（八）团队精神

作为班组安全文化建设的重要组成部分，团队精神的形成需要

不断地积累。在具体实践过程中，要同班组生产任务、工作条件、人员状况和企业的发展实际相结合，从 4 个方面下工夫。一是建立“以人为本”的管理模式，尊重员工的民主权利和首创精神，最大限度地调动广大员工的积极性；二是建立优胜劣汰的驱动机制，激励先进，鞭策后进，做好思想观念、职业道德等价值取向的“破”与“立”，做好典型带路、整体推进；三是持之以恒搞好全员教育，构筑全方位、宽领域、多层次的学习培训体系，坚持用先进的知识武装人，用典型的事例教育人，用科学的方法引导人，用宏伟的目标激励人；四是树立持续改进、不断创新的观念，做到在内容上创新，使创建活动更具科学性；在方法上创新，使创建活动更具操作性；在目标上创新，使创建活动更具针对性；在观念上创新，使创建活动更具时代性。

第三节 班组安全文化的经验介绍

班组安全文化建设的方式方法多种多样，而最终的目的就是让班组成员在作业过程中能够保证自身。他人、设备等的安全。如何做好班组的安全文化建设工作，下面介绍一些安全生产先进班组的经验。

大庆油田集团公司安全文化建设是班组文化建设的重要组成部分。近年来，集团公司紧紧围绕安全这个主题，广泛发动群众，积极开展班组安全文化创建活动，营造作业区浓厚的安全文化氛围，有效地促进了安全生产。集团广大员工以党的十七大精神为指导，全面落实科学发展观，突出安全环保、项目建设、节能降耗、基层建设等重点工作，全面超额完成了局下达的各项经营指标，夺回了局“安全生产、文明生产”金牌，同时还获得了环境保护先进单位。轻烃分馏分公司获局“安全生产、文明生产”金牌九连冠，东昊公司获局"安全生产、文明生产"金牌六连冠。企业呈现出安全发展、清洁发展、优质发展的良好局面。

一、加强领导，形成共识，齐抓共建班组安全文化

化工企业的行业特点，决定了安全是任何时候都不能放松的头等大事。随着社会的发展，环境问题已经成为一个不可回避的重要问题，提到了优先考虑的位置。国家及集团公司对安全环保的要求越来越严格，标准越来越高，责任追究越来越严厉。油田领导来集团调研时，对化工集团的安全问题给予了高度的重视，提出了严肃的要求，使他们再次深刻认识到，化工集团不出事，油田就不会出大事！国家的监管、法律的约束、上级的要求以及层层签订的安全环保责任书，都在时刻提醒安全环保形势的严峻、安全环保责任的重大。

为了减少事故，做到安全生产，过去该集团公司在安全宣传教育、安全管理制度、安全管理机制等方面动了不少脑筋，想了不少办法，他们深深感到：人管人得罪人，制度管人管一阵，文化管人管灵魂。只有抓住班组这一企业组织安全、生产、经营活动的基本单位，创建班组安全文化，使职工树立全新的安全理念，从"要我安全"向"我要安全"的观念转变，人人自觉地搞好安全生产，才能实现安全的长治久安。该集团各分公司纷纷把班组安全文化建设作为一项重要工作来抓，成立了创建班组安全文化领导小组，分统培训教育、日常教育、警示教育、温情教育、职工生活环境、工作环境 6 个子课题组，每个子课题由各分公司班组领导分工负责，制订方案，牵头实施，初步形成了全员培训、日常教育、宣传舆论、亲情帮教、安全警示、安全互保六大班组安全文化体系，打造了独具特色的企业班组安全文化。

二、突出载体，丰富内容，营造安全文化氛围

班组安全文化是安全源头管理的灵魂。近年来，该集团公司坚

持以班组活动为载体，开展内容丰富、形式多样的安全文化宣传教育活动，不断增强班组成员安全意识，确保安全生产。

1. 抓好日常教育，营造安全氛围

安全问题，事关企业发展，事关群众利益，事关社会和谐。积极引导基层各单位，自觉站在讲政治、讲大局的高度，坚持把安全生产作为头等大事来抓，作为加强基层建设的重中之重来抓。一是层层落实安全生产责任制。按照集团公司提出的“五严”要求，进一步明确各级领导、职能部门和岗位职工的安全责任，逐级签订“责任书”，做到压力层层传递，指标层层分解，真正把安全生产的责任与要求落实到基层，落实到岗位和人头。同时，强化“用心抓安全”、“聚精会神抓安全”、“群策群力抓安全”的理念，健全完善安全生产监管体系，在基层单位设立安全监督站（点），实行监管分开、异体监督、监管两条线的安全监管体制，并根据不同单位的工作特点，分别采取“派驻监督、巡回监督、划片监督”等不同的监督模式，强化了日常生产的全过程、全方位监控。二是切实加大措施防范力度。以集团公司组织开展的“安全环保基础年”活动为契机，深入开展反“三违”、查隐患活动，并突出油气站库、施工作业现场、井控等重点要害部位，以及水源地、自然保护区等环境敏感区，搞好事故应急预案的编制和演练，全面夯实安全管理基础工作。从落实本质安全出发，加大投入力度，对高压、易燃易爆场所和商业区、人口密集区的油田安全隐患进行集中整治，对井控等重要安全设备进行更新配置，并坚持对工程建设项目推行“三同时”，为基层安全生产提供了有力保障。三是全面提高职工安全素质。通过举办安全培训班，过安全警示日，开展安全标准化竞赛，编发作业指导书、事故应急卡、“安全随身行”，以及设立“警示语”、“告知板”、“亲人安全寄语”等多种形式，加强安全教育，强化安全培训，培育安全文化，提高了职工的安全生产意识和安全行为能力，实现了从“要我安全”到“我要安全”、“我会安全”的转变。建立了班前室“全家福”、班前“安全宣誓”和安全文化长廊，形成了浓厚的班组安全文化氛围，使职工到处受到安全文化的

熏陶。

2. 抓好温情教育，营造温馨环境

该集团公司坚持带着感情抓安全，以友情、亲情、爱情唤起职工的安全责任感。一是构建生产与生活的和谐。各单位不仅要把基层建设成为安全、文明的工作场所，而且要建设成为温馨、和谐的生活家园。几年来，基层各单位坚持从一张生日贺卡、一句安全寄语等日常生活中的点滴小事抓起，着力营造亲情文化和家园文化，让职工在感受"家"的氛围中不断强化爱队如家的意识。油田各级组织和领导干部还普遍做到"五必到、五必访"（即职工婚丧嫁娶必到必访，职工有思想问题必到必访，职工生活困难必到必访，职工生病住院必到必访，职工家庭纠纷必到必访），有效增强了队伍的向心力和凝聚力。二是构建职工队伍的和谐。从密切党群、干群关系入手，注重在队伍中加强团队精神的培养，积极构建团结、友爱、平等、互助的和谐人际关系，使干部职工心往一处想、劲往一处使，形成推进企业发展的合力。近年来，针对部分职工心理健康问题较为突出的实际，各单位还注重把加强对职工的心理疏导，纳入日常思想政治工作的内容，有的积极举办心理咨询讲座，有的专门开设"心理调节室"，引导职工正确对待自己、他人和社会，正确对待困难、挫折和荣誉，始终保持健康的心理状态。供水公司龙庆收费所，针对收费员登门服务时常遭冷遇、受委屈的特点，定期组织开展沟通、交流、恳谈等活动，让大家有了委屈能倾诉、有了压力能缓解、有了思想障碍能沟通，从而心情舒畅地投入到工作中去。三是建立职工亲情卡片。对班组每个职工的基本情况、个性特点和爱好、家庭状况、夫妻关系、电话号码和住址记录在册，对特殊家庭、特殊时间、特殊人员做到心中有数，重点掌握，及时提醒注意安全。

3. 抓好警示教育，做到警钟长鸣

近年来，他们认真总结反思了近年来所发生的重大事故，为警示后人，该集团公司把每起事故发生的时间、地点、性质、原因、教训，按照时间，分类编辑资料、绘成漫画，图文并茂，每月在各

分公司班前室举办“重温历史、警示安全”系列事故案例展和安全漫画展，警示职工。把历年来机电、运输方面的重大事故制成牌板，挂在各班前室，做到警钟长鸣。同时，还在各生产作业点悬挂了人性化的安全警示牌，到处都有安全提示，使安全文化延伸到班组现场和岗位，为消除人的不安全思想和行为起到了积极作用。

三、强化素质，优化环境，消除物的不安全因素

加强班组安全文化建设，职工素质是关键，安全环境是保证。该集团公司着力于从提高人的文化技术素质入手，不断改善生产、工作和生活环境，为班组职工创造良好的安全条件。

1. 抓好职工素质建设，提高队伍文化品位

职工文化素质是安全文化的基础。纵观化工企业发生事故的直接原因分析，对照加强基层建设对一线员工提出的综合素质要求，面对化工企业技术密集和高风险的现实，他们已经深刻认识提高员工素质的紧迫性和必要性。一个不经意的动作，一个不受控的操作，一个不留神的疏忽，往往就引发了一场灾难性的大事故！若是出现“三违”，不能过好“七关”，违反六条禁令，那后果更是不堪设想！员工素质的问题，特别是操作岗位的一线员工的素质是我们的化工生产是否受控、化工装置的安全能否保证的最关键因素。为此，该集团公司搭建强化员工素质的培训平台，创造提高员工素质的环境条件，优选一支过硬的内部培训师队伍，形成一个良性循环的员工培训机制。

大庆油田在会战初期就注重开展以苦练岗位技术、掌握应知应会为中心的大练兵、大比武活动，并明确提出，“人人要有真本领、硬功夫，一出手就高标准，一出手就高水平，一出手就过得硬”。近年来，适应形势发展的需要，他们积极探索岗位练兵和职工培训的新方法、新途径，大力实施能力关怀，促进队伍素质不断提升。一是倡导树立“四个不一样”，营造浓厚成才氛围。在队伍中大力倡导“素质高低使用不一样、管理好坏待遇不一样、技能强弱岗位

不一样、贡献大小薪酬不一样”的管理理念，通过制定实施《关于调动各级各类人才积极性的若干规定》、《职工自学成才奖励办法》、《职工重大贡献命名制度》等一系列政策，积极营造劳动光荣、知识崇高、人才宝贵、创造伟大的浓厚氛围，引导职工不断增强市场意识和竞争意识，充分认识提高自身素质的重要性和迫切性。2000年以来，先后对23名有突出贡献人员给予重奖，对125名自学成才人员进行隆重表彰，对“王春荣热洗法”、“王雪梅服务法”、“少春扳手”等一批发明创造进行命名表彰。同时，把培训作为一种待遇、荣誉和激励，坚持对优秀岗位人员优先培训，核心骨干人员强化培训，业绩突出人员重点培训，不断激发了职工学技术、强素质、做贡献的热情。二是健全完善培训体系，加大全员培训力度。为了保证职工培训工作的系统化和经常化，我们切实加强培训体系建设，努力做到基地、教材、人员、投入“四落实”。面向物探、钻井、采油、集输、井下作业等主要工种，建立完善了12个培训基地和培训中心；以企业网为依托，自主开发了涵盖管理、技术、操作三类培训对象的网络培训学院系统，先后组织完成了34个主体专业、工种的视频培训课件、21个工种的基本理论教材和53个工种的技能鉴定题库；在全油田选拔聘任内部培训师，目前已形成500余人的油田、厂（分公司）两级培训师队伍；“十五”期间累计投入7亿多元用于职工培训，使职工培训率达到95%以上。三是积极拓宽培训渠道，推进岗位练兵活动。结合生产实际，不断完善基层技能训练基地、岗位练兵台和仿真培训室等设施，定期举办技术运动会，开展技师、高级技师评聘和首席职工、岗位明星评选，通过“一日一题、一周一课、一月一考、一季一赛、一年一评”等方式，大力开展岗位练兵活动，使油田成为开放的“岗位技校”。目前，基层广大职工在长期坚持“百问不倒”的基础上，进一步做到“百做不误”，对每一个技术动作，都要经过千百次的练习，以求达到炉火纯青的程度。2000年以来，全油田共涌现出全国及中央企业技术能手19人，集团公司和黑龙江省技术能手135人，集团公司技能专家27人，技师、高级技师2931人。2004年，

大庆油田荣获“国家技能人才培育突出贡献奖”。

2. 抓好环境建设，营造和谐环境

作业环境是安全的保证，也是班组安全文化建设的一项重要内容。近年来，该公司从整治班组作业安全环境入手，狠抓作业环境建设，不断优化安全环境，消除环境的不安全因素。一是构建生产与生态的和谐。按照国家和集团公司的要求，坚持环保优先，做到“不以牺牲环境为代价，换取经济效益的增长；不因一时的发展，损害子孙后代的利益”。基层各单位不断强化环保意识，加大环保力度，持续开展创建绿色油田、绿色站队活动。在钻探、修井和压裂等施工过程中，大力推行无污染作业和绿色施工，实现了施工作业无溢流；在采油、集输过程中，切实加强清洁生产、文明生产管理，实现了污水零排放；在基本建设过程中，严格执行环境恢复制度，及时搞好建筑垃圾清理，实现了建设区域周边环境无污染。二是抓好环境卫生整治，优化生活环境。在上级有关部门的支持下，从夯实基础建设出发，改善一线的工作条件，对部分腐蚀老化的油田基础设施进行维修改造，对新度系数低的工程技术服务装备进行更新配套，对条件较差的偏远队点进行逐步完善。从凝聚人心、稳定队伍出发，改善矿区生活环境，对3600多栋住宅楼进行了平改坡，对乘风湖、果午泡等进行了生态环境改造，目前正在按照集团公司的统一部署，加紧做好偏远散小矿区的回迁工作。为了改善职工生活环境，修建了文体活动中心、健身房、摩托车棚、家属区道路，装饰了俱乐部、招待所、食堂、澡堂、班中餐，改造了油田医院、幼儿园、早餐点、图书室，安装了路灯。在各居民区新建了蘑菇亭、石桌、石椅、石凳、门球场、乒乓球台、文娱活动室等，为职工休闲活动提供条件。在工业区、居民区新建了花池、花坛，栽树种花，铺设草地，扩大绿化面积，生活环境得到优化，让每个职工能够吃好、睡好、休息好，有充沛精力从事安全生产。

3. 树精神文明，建和谐企业

从构建和谐企业、和谐社会出发，维护职工群众的切身利益，激励在职职工，体贴下岗同志，照顾离退休人员，关心退养家属，帮扶特困家庭，切实解决好群众最关心、最直接、最现实的问题，努力把企业改革发展的成果惠及方方面面。实施“1127”工程和党员干部“一帮一，帮扶再就业”（“1127”，即实现一个总体目标：用三年时间，为每名有劳动能力和就业愿望的下岗失业人员，至少提供一次再就业机会；坚持一个就业机制，以市场为导向的就业机制；明确两个主攻方向，做好油田内部和外部两个途径的再就业工作；落实七项保障措施，清退外雇工、引导油田外部再就业、加强技能培训等），使90%以上有就业愿望和就业能力的有偿解除劳动合同人员实现了再就业；开展“进万家门，知万家情，解万家难，暖万家心”走访慰问活动，共走访慰问和帮扶各类人员40多万人次，发放送温暖基金和帮扶资金2.4亿元，有力地维护了企业稳定，增强了企业的亲和力。

班组安全文化建设是企业安全生产的基本单元要素，班组安全文化建设的好坏直接关系到企业安全生产成败。只有打造一支生产技术过硬、心理素质稳定、安全应变能力较强的基层班组队伍，抓好基层本质安全，企业安全文化建设才有保障。

第七章

事故现场的应急措施与急救方法

危险化学品事故发生后，往往引起燃烧、爆炸和人员中毒，危及人民生命和财产安全，甚至造成群死群伤，引起严重的环境污染和生态破坏，给企业和社会带来不可估量的严重后果和灾难。因此，除了加强日常的安全管理工作之外，还应积极开展应急救援的工作。危险化学品事故应急救援是指危险化学品由于各种原因造成或可能造成众多人员伤亡及其他较大社会危害时，为了及时控制危险源，抢救受害人员，指导群众防护和组织撤离，清楚危害后果而组织的救援活动。对于企业员工，学习和了解一些基本的自救和救援常识，对于减轻事故后果，实施有效的救援非常必要。因为在发生事故紧急情况下，各种复杂问题都会出现，即使是专业的医护人员，救护的原则与在医院也大不相同，应学习和了解应急救援中的基本原则和步骤，以便实施有效的方法。

第一节　应急救援的基本要求

事故应急救援工作是在预防为主的前提下，贯彻统一指挥、分级负责、区域单位自救和社会救援相结合的原则。根据《安全生产法》、《危险化学品安全管理条例》的要求，危险化学品从业单位必须制订本单位事故应急救援预案，配备应急救援人员和必要的应急救援器材、设备，并定期组织演练。同时，危险化学品事故应急救援预案应当报社区的市级人民政府负责危险化学品安全监督管理综合工作的部门备案。当发生危险化学品事故时，单位主要负责人应当按照本单位制订的应急救援预案，立即组织救援，并立即报告当地负责危险化学品安全监督管理综合工作的部门和公安、环保、质监部门，并要求危险化学品经营企业必须为危险化学品事故应急救援提供技术指导和必要的协助。

一、应急救援的原则

（一）统一指挥，步调一致

应急救援的最基本原则是统一指挥，步调一致。无论应急救援涉及单位的行政级别高低、隶属关系是否相同，都必须按照预案的要求，在指挥部的统一指挥下协调运行，做到号令统一，步调一致。

（二）分级负责，以区域为主

只有本企业、本地区对事发地的地理情况、气候条件、事故情况等信息有最直接最清楚的了解，也能以最快的速度到达现场进行救援，并就近灵活调动各种应急资源。与此同时，无论企业，还是地方政府，都必须坚持分级响应的原则。分级响应可合理提高应急指挥级别、扩大应急范围、增加应急力量，有利于节省应急资源，降低救援成本，弱化不良社会影响。

（三）快速反应，协同应对

具有突发性，扩散迅速。因此在事发初期，应急行动早开始一秒就多一分主动。同时，应急救援涉及装置操作、消防灭火、医疗救治等各方救援力量的密切配合，只有协同应对，救援行动才能有序、高效。

（四）以人为本

无论事故可能造成多大的财产损失，都必须把保障人民群众的生命安全和身体健康作为应急工作的出发点和落脚点，最大限度地减少突发事故、事件造成的人员伤亡和危害。

（五）制订科学的预案

应急救援体系以能够实现及时、高效地开展应急救援为出发点和落脚点，根据应急救援工作的现实和发展的需要，建立高效的应急指挥系统，编制科学完整、简单实用、可操作性的应急预案，保证应急救援体系的先进性和实用性。

二、应急救援的特点

在进行应急救援活动中，事故的突发性、演变的不确定性，会使得应急救援过程中，出现各种各样意料不到的情况。总的说来具有复杂性、艰巨性、危险性。

（一）复杂性

由于事故突发，事故的原因一般不会很快查清，而且，许多事故现场具有何种危险因素并不一定与预想的完全一致，任何事前的预想都可能与实际情况出现或大或小的差异，这就使得救援行动很复杂。必须先摸清现场情况，综合进行事态分析，才能最终决定采取何种救援行动。

（二）艰巨性

应急救援的对象，是突发重大事故的危险源。许多事故如油库火灾、井喷泄露等，即便按照预案要求迅速出动强大的应急救援力量，也很难迅速控制事态的发展。同时，这类事故具有迅速蔓延性，稍有延误，事故就会迅速发展扩大。因此，这类事故的应急救援注定是一项艰巨的任务，必须要行动迅速，经过艰苦的努力，运用科学的技术手段，才能将事故控制住。

（三）危险性

应急救援面对的是急需控制的事故，如易燃易爆有毒气体的泄露，若不能得到及时有效控制，就可能造成厂区员工、周围居民出现人员伤亡。同时，救援人员个体防护不当，也会造成人员伤亡，即便防护到位，也可能因事故突发新的情况而受到致命伤

害。因此，应急救援具有极大的危险性，这就要求对各种可能的情况进行充分的考虑，对各种应急救援操作，在科学的基础上，慎之又慎！

三、应急救援的基本任务

应急救援的基本任务主要包括以下几个方面：

(一) 迅速抢救人员

抢救受害人员是应急救援的首要任务，在应急救援行动中，快速、有序、有效地实施现场急救与安全转送伤员是降低伤亡率、减少事故损失的关键。

1. 伤亡人员

事故发生后，对发现的伤亡人员，应立即进行抢救，该急救的急救、该转运的转运、该入院救治的迅速送往医院。

2. 下落不明的人员

事故发生后，必须坚持“依然活着”的原则，深入现场，采取一切可能的安全方法，在避免造成新的人员伤亡的前提下，积极进行救援，以最大程度地减少人员的伤亡。

3. 周围群众

由于重大事故发生突然、扩散迅速、涉及范围广、危害大，应及时知道和组织群众采取各种措施进行自身防护，并迅速撤离出危险区或可能受到危害的区域，避免造成不应有的人员伤亡。

(二) 迅速控制危险源

在救人的同时，应迅速采取措施控制危险源，只有控制住了危险源，事故才会从根本上得到控制。特别对发生在城市或人口稠密地区的化学事故，应尽快组织工程抢险队与事故单位技术人员一起及时控制事故继续扩展。

（三）保护生态，做好现场清洁，消除危害

危险物品泄露、燃烧、爆炸等，会对大气、水质造成污染，抢救过程中，使用大量消防水及化学灭火剂，也可能对水质造成污染。这些污染，轻的会对局部地区居民造成不很严重的健康危害，重者会引发生态灾难，对社会产生广泛而恶劣的社会影响。因此，保护生态也是应急救援的要务。针对事故对人体、动植物、土壤、水源、空气造成的实际危害和可能的危害，迅速采取封闭、隔离、洗消等措施。对事故外溢的有毒物质和可能对人或环境继续造成危害的物质，应技术组织人员予以清除，消除危害后果，防止对人的继续危害和对环境的污染。对危险化学品事故造成的危害进行监测、处理，直至符合国家环境保护标准。

（四）查清事故原因，评估危害程度

事故发生后应及时调查事故发生原因，要对事故危害情况进行评估，总结经验教训，对事故预案进行评审改进，为今后的应急救援工作提供更科学的应急救援预案，以提高应急救援水平。

第二节 事故现场应急措施

一、应急救援体系

一个完整的应急救援体系，应该保证一定的指挥机构采用有效的方式组织相应的人员运用一定的物资装备，按照科学的程序、明确的要求，进行及时有效的应急救援。应急救援体系的内容为：

1. 应急预案

应急预案是针对可能发生的险情、事故、事件，为迅速有序地开展应急行动而预先制订的行动方案。它是应急救援体系的核心文件，是确保应急救援成功的现场处理方案。要建立科学的应急救援体系，首先必须编制完善的应急救援预案，有了完善的应急救援预案，各项工作就会科学有序地开展。企业应按照《危险化学品事故应急救援预案编制导则（单位版）》的要求，根据风险评价的结果，针对潜在事件和突发事故，制订应急救援预案。

企业应组织从业人员进行应急救援预案的培训，定期演练，评价演练效果，评审应急救援预案的充分性和有效性。

企业应定期评审应急救援预案，尤其在潜在事件和突发事故发生后。

企业应将应急救援预案报当地安全生产监督管理部门和有关部门备案，并通报当地应急协作单位。

2. 应急指挥机构

应急指挥机构包括企业和政府两个层面，每个层面又按响应级别进行分级。在编订应急救援预案之后，就应根据不同的响应级别，明确相应的应急指挥机构。

3. 应急人员

应急人员就是应急行动的“将、帅、兵”，包括应急指挥人员，专业应急救援队伍，也包括现场应急处理人员，也包括社会兼职应急人员。

4. 应急行动程序与要求

应急行动程序与要求是应急预案的重要内容，也是应急体系的核心内容。明确应急行动的程序和要求，是应急行动成败的关键。

5. 应急物资与装备

根据预案要求，针对可能的事故处理需要，配备充足实用的专用应急救援装备，储备相关的应急救援物资。企业应按国家有关规定，配备足够的应急救援器材，并保持完好。企业应为有毒有害岗位配备救援器材柜，放置必要的防护救护器材，并进行经常性的维护保养，保证其处于正常状态。

6. 通信与信息保障

建立应急通信网络并保证应急通信网络的畅通。信息的及时沟通对于事故的应急指挥与实际行动通常起着决定性的作用。若事故现场的信息不能及时传送到指挥部，指挥就失去了决策依据，反过来，如果指挥信息不能及时传达到应急人员，应急行动也将群龙无首，各自为战，盲目应对。因此，必须建立有力的通信与信息网络，保证应急信息的通畅，提高救援的效果。

7. 外部力量援助

一个预案体系，不仅要考虑本企业、本地区的救援力量，还要依靠外部力量的援助。

二、危险化学品事故应急救援的组织与实施

危险化学品事故应急救援的组织与实施过程一般包括报警、紧急疏散、现场急救、溢出或泄露处理和火灾控制等几个方面。

（一）事故报警和接警

事故报警的及时与准确是能否及时控制事故的关键环节。当发

生化学品事故时，现场人员必须根据各自企业制订的事故预案采取抑制措施，尽量减少事故的蔓延，同时向有关部门报告。事故主管领导人应根据事故地点、事态的发展决定应急救援的形式：是单位自救还是采取社会救援。对于那些重大的或灾难性事故，以及依靠本单位力量不能控制或不能及时消除事故后果的化学事故，应尽早争取社会支援，尽快控制事故的发展。

各主管单位在接到事故报警后，应迅速组织应急救援专业队，赶赴现场，在做好自身防护的基础上，快速实施救援，控制事故发展，并将伤员救出危险区域和组织群众撤离、疏散，做好危险化学品的清除工作。

在应对危险化学品事故时，只有平时充分做好应急救援的各项准备工作，才能保证事故发生时不慌不乱，正确判断，正确处理。应急救援的准备工作主要是抓好组织机构、人员、装备的落实，并制定切实可行的制度，使应急救援的各项工作达到规范化管理。各企业应事先成立危险化学品事故应急救援指挥中心。平时作好应急救援专家队伍和救援专业队伍的组织、训练与演习；对群众进行自救和互救知识的宣传和教育；会同有关部门做好应急救援的装备、器材物品的管理和使用。

（二）紧急疏散

在危险化学品泄露事故中，必须及时做好周围人员及居民的紧急疏散工作。

1. 建立警戒区域

根据化学品泄露的扩散情况或火焰辐射热所涉及的范围建立警戒区，并在通往事故现场的主要干道上实行交通管制。警戒区域的边界应设警示标志并有专人警戒；除消防、应急处理人员以及必须坚守岗位人员外，其他人员禁止进入警戒区；泄露溢出的化学品为易燃品时，区域内应严禁火种。

2. 紧急疏散

迅速将警戒区及污染区内与事故应急处理无关的人员撤离，以减少不必要的人员伤亡。紧急疏散时应注意：如事故物质有毒，需要佩戴个体防护用品或采用简易有效的防护措施；应向上风方向转移，明确专人引导和护送疏散人员到安全区，并在疏散或撤离的路线上设立哨位，指明方向；不要在低洼处滞留；要查清是否有人留在污染区与着火区。

（三）现场急救

化学品事故的现场急救工作不同于一般的医疗救护，具有独特的自身特点，事故现场急救的伤员分流工作非常重要。现场处理要本着先救命后治伤，先治重伤后治轻伤的原则。在现场医疗救护中，对伤病员进行初步医学检查，根据受害者的病情按轻、中、重分类，便于急救和转送。分流原则是：

① 有生命危险或严重并发症危险者，例如已窒息或运送途中可能发生窒息者；有呼吸、心跳停止或危险者，宜立即抢救，待病情改善后马上送医院。

② 暂无生命危险，但若不及时处理会出现病情转化或严重并发症者，则应尽快在现场处理后转送医院。

③ 推迟几小时救治可无重大危险者或经现场处理后很快能得到恢复者，可送附近医院处理。

④ 暂无明显损伤，但预期有迟发病状的病人，需要就地观察或送附近医院观察处理。

⑤ 无明显损伤或能自行离开现场者可不作现场处理。

现场急救应注意，要选择有利地形设置急救点并作好自身及伤病员的个体防护，防止发生继发性损伤；呼吸困难时给氧；呼吸停止时立即进行人工呼吸；心脏骤停，立即进行心脏按压；当人员发生冻伤时，应迅速复温，对冻伤的部位进行轻柔按摩，注意不要将伤处的皮肤擦破，以防感染；皮肤被化学物，特别是具有刺激性、腐蚀性或易于经皮肤吸收的化学物污染后，应立即脱去污染衣服、手套、鞋袜等用品，并用大量流动清水彻底冲洗皮肤以稀释或除去

刺激物，阻止其继续损伤皮肤或经皮肤吸入；当人员发生烧伤时，应迅速将患者衣服脱去，用流水冲洗降温，用清洁布覆盖创伤面，避免伤面污染。

经现场处理后，应迅速护送至医院救治。

（四）危险化学品泄露的处理

1. 制订处理计划

如果有危险化学品从窗口中溢出或从储罐及其他地方泄露出来时，应采取一定的程序进行处理。根据溢出或泄露的多少和性质以及化学品的危险性，必须采取如下步骤：

（1）将任何不必要的人员疏散到不存在任何危险的安全区域，必要时进行急救。

（2）如果化学品是易燃易爆的，应立即扑灭明火及任何形式的热源和火源，以降低发生爆炸或火灾的危险性。

（3）对化学品溢出和泄露的严重程度及厂内处理人员的处理能力进行评估，如有必要，请求外界帮助。

（4）采用围堵或吸收等方法设法将溢出或泄露的化学品控制住，如果可能的话，应将溢出的化学品密封在容器中或对其进行中和处理。

（5）一旦溢出的化学品被安全储存或中和后，必须对溢出和泄露区域进行消毒，并有由取得一定资格的人员监督检查，被确认安全，则可重新开始正常的生产活动。

2. 泄露处理

危险化学品泄露后，不仅污染环境，对人体造成伤害，对可燃物质，还有发生火灾爆炸的可能。因此，对泄露事故应及时、正确处理，防止事故扩大。

泄露处理一般包括泄露源控制及泄露物处理两大部分。进入泄露现场进行处理时，进入现场人员必须配备必要的个人防护器具，如果泄露物是易燃易爆的，应严禁火种；应急处理是严禁单独行动的，要有监护人，必要时用水枪、水炮掩护。

3. 泄露物处理

现场物料泄露时，要及时覆盖、收容、稀释、处理，使泄漏物得到安全可靠的处置，防止二次事故的发生。泄露物处置的方法有：

（1）围堤堵截。液体泄露物会四处蔓延扩散，难以收集处理。因此，需要围堤堵截或引流到安全地点。

（2）稀释与覆盖。用水枪或消防水带向有害物蒸气云喷射雾状水，加速气体向高空扩散，使其在安全地带扩散。同时产生的污染水应疏通到排污管道。对于可燃物，在现场可施放大量蒸气或氮气，破坏燃烧条件。为降低泄露物蒸发速度，可用泡沫或其他覆盖物覆盖外泄物，抑制其蒸发。

（3）收集。大泄漏时，可将泄漏物料抽入容器或槽车内，泄露物少时，也可用沙子、吸附材料、中和材料等吸收中和。

（4）废弃。将收集的泄漏物运至废物处理厂处置。用消防水冲洗少量剩下物料，冲洗水排入含油污水系统。

第三节 常用急救方法

事故发生时以严重创伤、多发伤和同时多人受伤为特点。严重创伤可造成心、脑、肺和脊椎等重要脏器功能障碍，出血过多会导致休克甚至死亡。而在危险化学品事故中，危险化学品对人体可能造成的伤害为：中毒、窒息、冻伤、化学灼伤、烧伤等。心肺复苏、止血、包扎、固定和搬运技术是这些事故现场急救的通用技术以及危险化学品伤害急救的技术，作业人员掌握这些技术可以在短时间内挽回事故伤员的生命，为进一步院内治疗争取宝贵的时间。

一、现场救护通用技术

(一) 心肺复苏技术

首先判断伤员呼吸、心跳，一旦判定呼吸、心跳停止，立即捶击心前区（胸骨下部）并祛除病因，采取下列步骤进行心肺复苏。

1. 开放气道

采用仰头举颏法或双手抬颌法，确保呼吸道畅通及判断有无呼吸。

(1) 解开上衣，暴露胸部，松开裤带；(2) 急救者位于伤员一侧，一手插入颈后向上托起，一手按压前额使头后仰；(3) 用手指去除口咽内异物，有活动假牙应去掉；(4) 将耳朵贴近伤员口鼻，面对胸部，倾听有无呼吸声，观看胸部起伏，确认呼吸恢复或停止。

2. 口对口人工呼吸

如图 7-1，(1) 急救者将压前额手的拇指和食指捏闭伤员的鼻孔，另一只手托下颌；(2) 将伤员口张开，做深呼吸；(3) 用口紧贴并包住伤员口部吹气，看伤员胸部伏起，脱落伤员口部；(4) 放

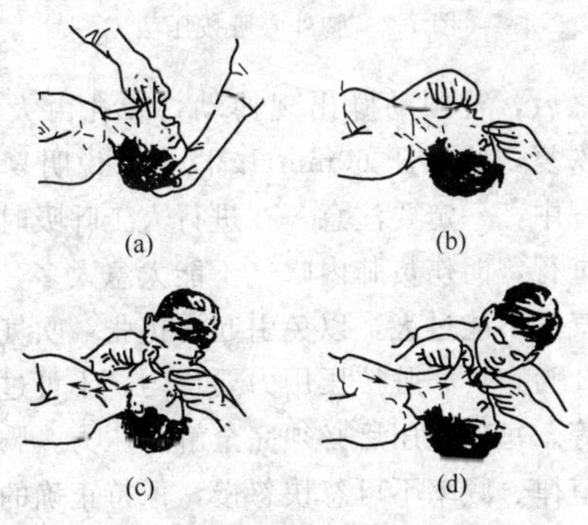

图 7-1 口对口人工呼吸法示意

松捏鼻孔的拇指和食指，看胸廓复原，感到伤员口鼻部有气呼出；(5）连续吹气两次，使伤员肺部充分换气。

3. 心脏复苏

判定心跳是否停止，摸伤员的颈动脉有无搏动，胸外心脏按压。

如图 7-2，(1）用一只手的掌根按在伤员胸骨中下三分之一交界处，另一只手压在该手的手背上，双手手指均应翘起不能平压在胸壁；(2）双肘关节伸直，利用体重和肩臂力量垂直向下按压，使胸骨下陷 4cm，略停顿后在原位放松，但手掌根不离开胸部定位点；(3）连续进行 15 次心脏按压，再口对口吹气两次后按压心脏 15 次。如此反复。

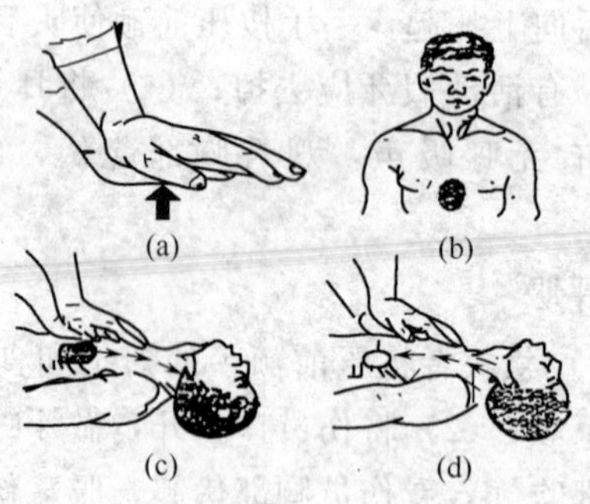

图 7-2　胸外心脏按压法

如此反复之后，若颈动脉出现搏动，瞳孔由大缩小，紫绀减退，自主呼吸恢复，收缩压 60mmHg 以上，说明复苏有效。在进行心脏复苏过程中，一定要注意，在进行人工呼吸时一定要在气道开放的情况下进行，向伤员肺内吹气不能太急太多，仅需胸廓略有隆起即可，吹气量不能过大，以免引起胃扩张，吹气时间以占一次呼吸周期的 1/3 为宜。心脏按压用力要均匀，不可过猛。按压和放松所需时间相等。每次按压后必须完全解除压力，胸部回到正常位置。心脏按压节律、频率不可忽快忽慢，保持正确的按压位置。心脏按压时，观察伤员反应及面色的改变。

（二）创伤现场救护技术

创伤现场环境各异，均为突发事件，现场条件差，这些都给现场救护带来困难。因此，一定要明确现场救护目的，迅速选择救护方法，从而正确救护，防止惊慌失措。

止血包扎、骨折固定、搬运是外伤救护的四项基本技术。先抢救生命，重点判断是否有意识、呼吸、心跳，如呼吸、心跳骤停，首先进行心肺复苏。检查伤情，减少出血，防止休克。血是生命的源泉，现场救护要迅速用一切可能的方法止血，有效止血是现场救护的基本任务。保护伤口，优先包扎头部、胸部、腹部伤口以保护内脏，然后包扎四肢伤口。固定骨折，骨折固定能减少骨折端对神经、血管等组织结构的损伤，同时能缓解疼痛。先固定颈部，然后固定四肢，操作要迅速、平稳，防止损伤加重。尽可能佩戴个人防护用品，戴上医用手套或用几层纱布、干净布片、塑料袋替代。

1. 创伤止血

人体血量约 5000～6000mL。血液从损伤的血管流出叫出血。流血量过多往往会引起休克和心跳停止而造成死亡。因此，救护人员必须熟悉出血种类，熟练地掌握止血技术，迅速准确地做好止血工作，以便有效挽救伤员生命。出血种类大大致分为内出血和外出血两大类。内出血是深部组织和内脏损伤，血液流入组织内或体内，形成脏器血肿或积血，从外表看不见，只能根据伤员的全身或局部症状来判断，如面色苍白、吐血、腹部疼痛、便血、脉搏快而弱等来判断。外出血是受到外伤后血管破裂，血液从伤口流出体外。外出血有三类：①动脉出血，血色鲜红，呈喷射状；②静脉出血，血色暗红，缓慢流出；③毛细血管出血，血色鲜红，呈片状渗出，一般不易找出出血点，常可自动凝固而止血，危险性小。

止血方法有包扎止血、加压止血、指压止血、加垫屈肢止血和止血带止血等。

（1）包扎止血法。表浅伤口出血损伤小血管和毛细血管，出血少。可以用一个创可贴或敷料、纱布覆盖在伤口上止血，若手边没有这些，选用洁净的三角巾、手帕、纸巾、清洁布料等包扎止血。

（2）加压包扎止血。适用于全身各部位的小动脉、静脉、毛细血管出血。如图 7-3，用消毒布或干净的手帕、毛巾、衣物等覆于伤口上，然后用三角巾或绷带加压包扎。压力以能止血而又不影响伤肢的血液循环为适宜。若伤处有骨折时，须另加夹板固定。

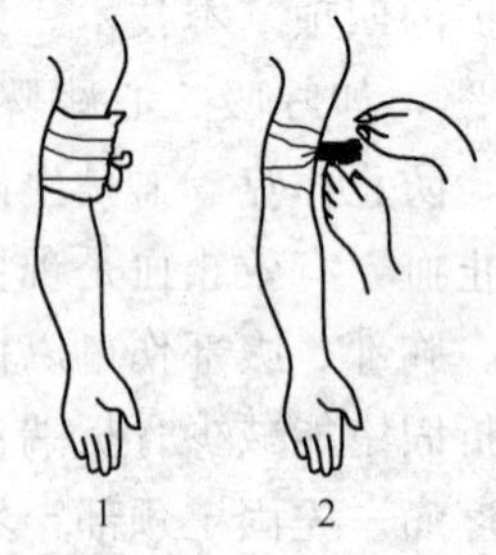

图 7-3　加压包扎止血

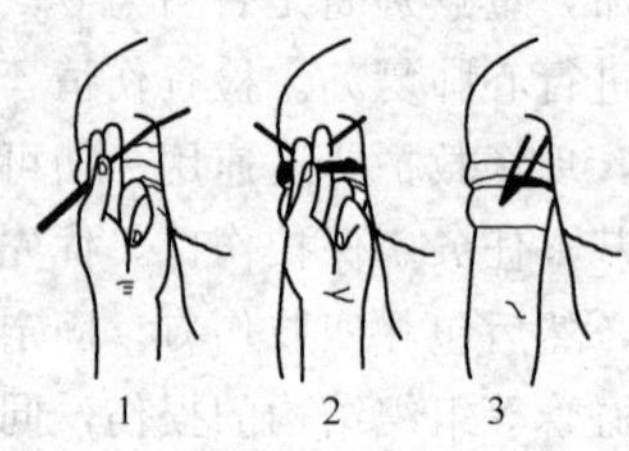

图 7-4　指压止血

（3）指压止血。适用于头、颈部和四肢的动脉出血。如图 7-4，它根据动脉的走向，在出血伤口的近心端，通过用手指压迫血管，使血管闭合而达到临时止血的目的，然后再选择其他的止血方法。

（4）加垫屈肢止血。适用于外伤出血量较大，肢体无骨折损失者。如图 7-5，前臂出血，在肘窝处放置纱布或毛巾、衣物等，肘关节屈曲，用绷带或三角巾屈肘位固定；上臂出血，在腋窝加垫，使前臂屈曲于胸前，用绷带或三角巾将上臂固定在胸前；小腿出血，在腘窝加垫，膝关节屈曲，用绷带或三角巾屈膝位固定；大腿出血，在大腿根部加垫，屈曲髋、膝关节，用三角巾或绷带将腿与躯干固定。

（5）止血带止血。适用于大血管损伤，或伤口大、出血量多时，采用以上止血方法仍不能止血者。常用的止血带有橡皮带、布条止血带等。先用消毒布或干净的毛巾敷在伤口上，再加上棉花团或纱布卷，然后用绷带紧紧包扎，以达到止血的目的。

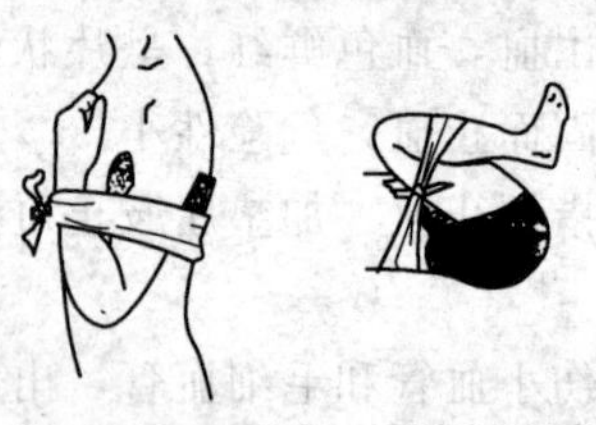

图 7-5　加垫屈肢止血

采用上述止血方法时注意事项：

①上止血带时，皮肤与止血带之间不能直接接触，应加垫敷料、布垫或将止血带上在衣裤外面，以免损伤皮肤。②上止血带要松紧适宜，以能止住血为度。过紧容易损伤皮肤、神经、组织，引起肢体坏死。③上止血带要记录上的时间，每隔 40～50min 放松一次，每次放松 1～3min。放松期间应在伤口处加压止血，防止止血带放松后大量出血。④运送伤者时，上止血带处要有明显标志，便于观察，并用标签注明上止血带的时间和放松止血带的时间。

2. 现场包扎技术

外伤伤员经过止血后，要立即用急救包、纱布、绷带或毛巾等包扎起来。常用的包扎材料有绷带、三角巾、四头带及其他临时代用品（如干净的手帕、毛巾、衣物、腰带、领带等）。绷带包扎一般用于支持受伤的肢体和关节，固定敷料或夹板和加压止血等。三角巾主要用于包扎、悬吊受伤肢体，固定敷料，固定骨折等。常用的包扎法如下。

（1）头顶帽式包扎。如图 7-6，将三角巾的底边叠成约两横指宽，边缘置于伤员前额齐眉，顶角向后位于脑后，两底角经两耳上方拉向头后部交叉并压住顶角，再绕回前额相遇时打结，顶角拉紧，掖入头后部交叉处内。

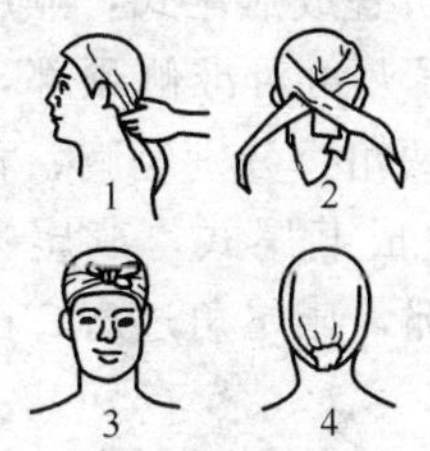

图 7-6 头顶帽式包扎法

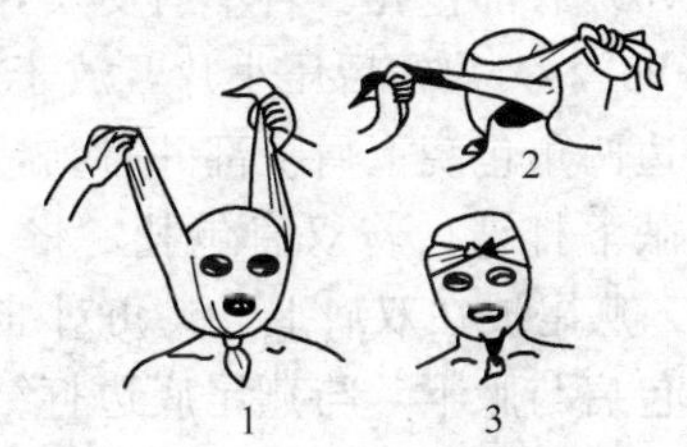

图 7-7 面部面具式包扎法

（2）面部面具式包扎。如图 7-7，先在三角巾顶角打一结，使头向下，提起左右两个底角，再将三角巾顶结套住下颌，罩住头面，底边拉向后脑枕部，左右角拉紧，交叉压住底边，再绕至前额打结。包扎后，可根据情况在眼和口鼻处剪开小洞。

（3）头面部风帽式包扎。头面部都有伤可用此法。如图 7-8，

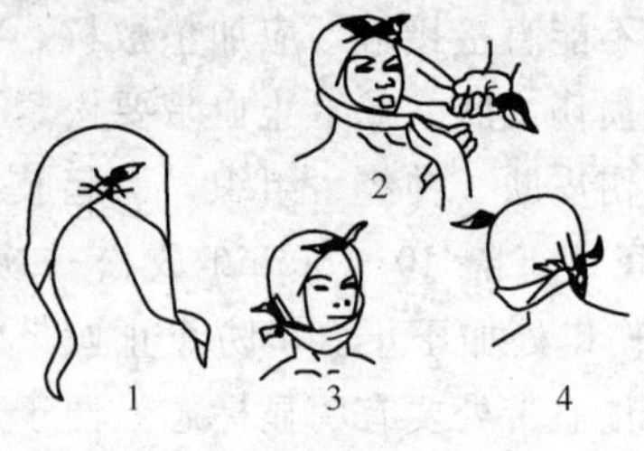

图 7-8 头面部风帽式包扎法

先在三角巾顶角和底部中央各打一结，形式向风帽一样。把顶角结放在前额处，底结放在后脑部下方，包住头顶，然后再将两顶角往面部拉紧，向外反折成三、四指宽，包绕下颌，最后拉至后脑枕部打结固定。

（4）单眼包扎。如果眼部受伤，可将三角巾折成四横指宽的带形，斜盖在受伤的眼睛上。如图 7-9，三角巾长度的三分之一向上，三分之二向下。下部的一端从耳下绕到后脑，再从另一只耳上绕到前额，压住眼上部的一端，然后将上部的一端向外翻转，向脑后拉紧，与另一端打结。

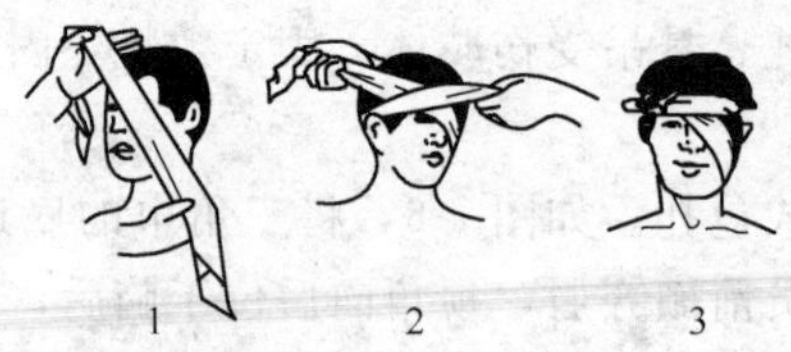

图 7-9 单眼包扎法

（5）肩部包扎。若单肩受伤，将三角巾折叠成燕尾式，燕尾夹角约 90°，大片在后压小片，放于肩上，燕尾夹角对准侧颈部，燕尾底边两角包绕上肩上部并打结，拉紧燕尾两角，分别经胸、背部至侧腋下打结。若双肩包扎，将三角巾折叠成燕尾式，燕尾夹角 120°，燕尾披在双肩上，夹角对准颈后正中部，燕尾角过肩，由前往后包肩与腋下，与燕尾底边打结。

（6）胸部包扎。将三角巾折叠成燕尾式，燕尾夹角约 100°，置于胸前，夹角对准胸骨上凹，两燕尾角过肩于背后，将燕尾顶角系带，围胸在背后打结，然后将一燕尾角系带拉紧绕横带后上提，再与另一燕尾角打结。

（7）腹部包扎。三角巾底边向上，顶角向下横放在腹部，两底角围绕到腰部后打结。

（8）手足包扎。如图 7-10，将三角巾展开，手指或足趾尖对

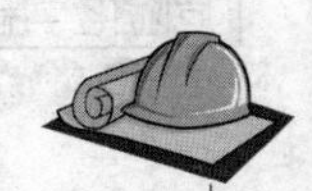

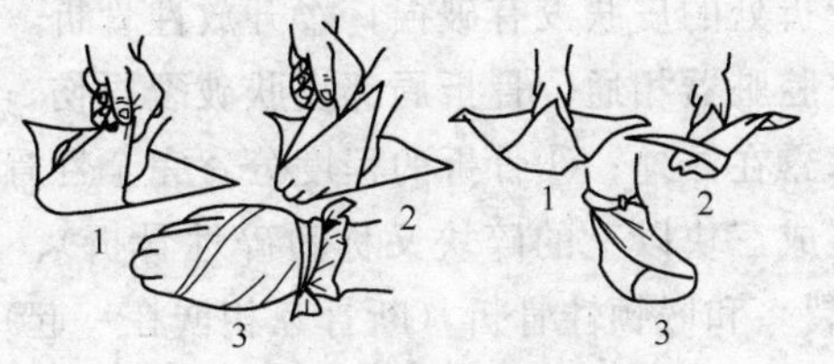

图 7-10 手足三角巾包扎

向三角巾的顶角，手掌或足平放在三角巾的中央，指缝或足缝间插入敷料，将顶角折回，盖于手背或足背，两底角分别围绕到手背或足背交叉，再在腕部或踝部围绕一圈后在手背或足背打结。

(9) 膝（肘）部包扎。如图 7-11，将三角巾折叠成适当宽度的带状，将中段斜放于伤部，两端向后缠绕，返回时两端分别压于中段上下两边，包绕肢体一周打结。

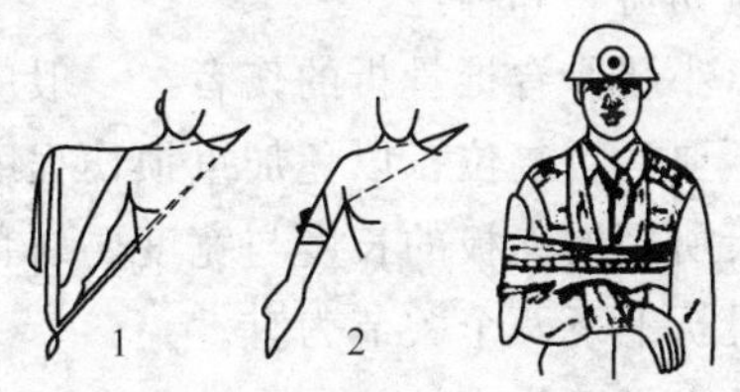

图 7-11 膝（肘）部包扎

(10) 悬臂带包扎。如图7-12，三角巾折叠成适当宽度，中央放在前臂的下 1/3 处，一底角于健侧肩上，另一底角于伤侧肩上并绕颈与健侧底角打结，将前臂悬吊于胸前。

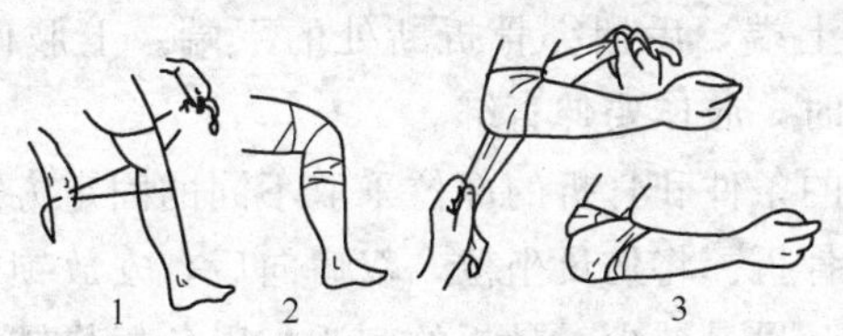

图 7-12 悬肩带包扎

3. 骨折固定

骨折类型有 ①闭合性骨折，即骨折断端与外界或体内空腔脏器不相通，骨折处的皮肤没有破损；②开放性骨折，即骨折断端与外界或体内空腔脏器相通，骨折局部皮肤破裂损伤，骨折端与外界空气接触，暴露在体外；③骨折的程度分：完全性骨折（骨完全断裂，骨折断裂成三块以上的碎块又称粉碎性骨折）、不完全性骨折（骨未完全断裂）和嵌顿性骨折（断骨互相嵌在一起）。

骨折的突出表现是剧烈疼痛、肿胀、畸形、功能障碍。骨折的固定材料用夹板。

骨折固定急救的原则和注意事项如下：

（1）要注意伤口和全身状况。如伤口出血，应先止血，包扎固定；如有休克或呼吸、心跳骤停应立即抢救。

（2）在处理开放性骨折时，局部要作清洁消毒处理，用纱布将伤口包好，严禁把暴露在伤口外的骨折断端送回伤口内，以免造成伤口污染和再度刺伤血管和神经。

（3）对大腿、小腿、脊椎骨折的伤者，一般应就地固定，不要随便移动伤者，不要盲目复位，以免加重损伤程度。

（4）固定骨折所用的夹板的长度与宽度要与骨折肢体相称，其长度一般应超过骨折上下两个关节为宜。

（5）固定用的夹板不应直接接触皮肤。在固定时可用纱布、三角巾垫、毛巾、衣物等垫在夹板和肢体之间，特别是夹板两端、关节骨头突起部位和间隙部位，可适当加厚垫，以免引起皮肤磨损或局部组织压迫坏死。

（6）固定、捆绑的松紧度要适宜。对四肢骨折固定时，应先捆绑骨折断处的上端，后捆绑骨折断处的下端。上肢固定时要屈肘绑；下肢固定时，肢体要伸直绑。

根据现场的条件和骨折的部位采取不同的固定方式。

（1）锁骨骨折。将伤员坐位，双肩向后，安放锁骨固定带。如无锁骨固定带，尽量减少对骨折的刺激，以免损伤锁骨下血管，只用三角巾或围巾屈肘位悬吊上肢即可。

（2）肢肱骨骨折。用两块夹板，一块放于上臂外侧，从肘部到肩部，另一块放于上臂内侧，从肘部到腋下，用绷带或布带缠绕固

定，然后把前臂屈曲固定于胸前。

(3) 前臂骨折。用长度与前臂相当的夹板，夹住受伤的前臂，再用绷带或布带自肘关节至手掌进行缠绕固定，然后用三角巾将前臂吊在胸前。

(4) 股骨折。用两块木板，一块长木板从伤侧腋窝到外踝，一块短木板从大腿根内侧到内踝，在腋下、膝关节、踝关节骨凸出部放棉垫保护，空隙处用柔软物品填实，再用三角巾或绷带分段绑扎固定。

(5) 腿骨折。取长度相当于大腿中部到足跟的长度的两块夹板，分别放在受伤的小腿内外两侧，用棉花或毛巾垫好，再用绷带或三角巾分段固定。

(6) 脊柱骨折。确定伤员是脊椎骨折后，就不能轻易搬动，应该依照伤员伤后的姿势进行固定。用一长、宽与伤员身高、肩宽相仿的木板作固定物并作为搬运工具，在板和背部之间用毛巾或衣服垫好，动作要轻柔，双肩、骨盆、双下肢及足部用宽带固定于木板上，避免运输途中颠簸、晃动。

(7) 骨盆骨折。伤员为仰卧位，两膝下放置软垫，膝部屈曲以减轻骨盆骨折的疼痛，用宽布带从殿后向前绕骨盆，捆扎紧，在两腿之间或一侧打结固定，两膝之间加放衬垫，用宽绷带捆扎固定，两踝间加放衬垫，用宽绷带“8”字捆扎固定。

4. 搬运护送

常用的搬运有徒手搬运和担架搬运两种。可根据伤者的伤势轻重和运送的距离远近而选择合适的搬运方法。徒手搬运法适用于伤势较轻且运送距离较近的伤者；担架搬运适用于伤势较重，不宜徒手搬运，且需转运距离较远的伤者。

搬运过程中注意事项：

(1) 移动伤者时，首先应检查伤者的头、颈、胸、腹和四肢是否有损伤，如果有损伤，应先做急救处理，再根据不同的伤势选择不同的搬运方法。

(2) 伤情严重、路途遥远的伤病者，要做好途中护理，密切注意伤者的神智、呼吸、脉搏以及伤势的变化。

（3）搬运脊椎骨折的伤者，要保持伤者身体的固定。颈椎骨折的伤者除了身体固定外，还要有专人牵引固定头部，避免移动。

（4）上止血带的伤者，要记录上止血带和放松止血带的时间。

（5）用担架搬运伤者时，一般头略高于脚，休克的伤者则脚略高于头。行进时伤者的脚在前，头在后，以便观察伤者情况。

（6）用汽车、大车运送时，床位要固定，防止启动、刹车时晃动使伤者再度受伤。

二、急性化学中毒的应急与救护

化工生产中使用的原料、添加剂和生产的产品及副产品，品种繁多，形态不一，毒性大小也不同。工人在操作过程中如果防护不好，往往会引起病变。职业中毒是化工行业的主要职业病危害。但是，并不是任何化学物质都会使人中毒，也不是一接触就有危险，只要掌握化工生产中化学物质的特性，掌握引起中毒的规律，了解中毒的主要病状，并且做好防护，职业中毒是可以预防的，这在第五章已经详细介绍过。

在化工生产过程、使用、储运中可能因设备、管线腐蚀而跑、冒、漏、滴；或因钢瓶爆炸、槽车泄露等意外事故的发生使有毒气体大量外溢，引起中毒甚至多人中毒。现场处理，是对急性中毒患者的第一步处理。及时、正确地做好现场抢救常能使死者复生，有一些简易的措施常能使重危者减轻受害程度，争取时间，为进一步治疗创造条件。不进行现场处理或错误的现场处理不但延误病情，甚至造成不必要的牺牲。因此，现场处理十分重要。

（一）急性化学中毒的特点

1. 事故性与群体性

常因违章操作，管理制度不全，劳动防护措施不力而发生，并且常出现群体中毒，为突发事件；

2. 复杂性与特异性

化学毒物可通过呼吸道、皮肤或化学烧伤创面进入体内，波及多种器官、系统。如此复杂给治疗造成很大难度，但不同的化学物会影响相对应的靶器官，有它的特异性；

3. 剂量—反应关系

一般接触毒物浓度越大，时间越长，中毒越深。

（二）现场急救

急性化学中毒事故发生时，救援小组必须在当地卫生行政部门领导下开展急救工作，抢救人员应根据化学物品种、中毒方式与当时病情进行针对性急救，一般措施如下：

（1）尽快将中毒者救离事故地点，移至空气新鲜处并注意保暖；

（2）清除鼻腔、口腔内分泌物，除去义齿，解开衣领，保持呼吸道通畅；

（3）化学物污染衣服、皮肤时脱去污染衣服，用清水或温水进行反复冲洗，特别是皮肤皱褶、毛发处，冲洗 20～30min；

（4）危重的中毒者必须在现场处理后方可送上级医院，如呼吸困难或停止应立即给氧与人工呼吸，心跳停止立即进行胸外心脏按压，并及时通知医院做好抢救准备工作，送医院途中需有经验医护人员陪同；

（5）如明确是什么化合物中毒时，立即用特殊的排毒剂与特效解毒剂；

（6）抢救人员必须同时迅速控制中毒化学物的来源，防止再中毒；

（7）在急救的同时加强护理与卫生宣传，防止医源性疾病；

（8）救护者做好自身防护，如佩戴有效的过滤式防毒面具与供氧面具、系好安全带；

总之，为避免救治工作紊乱，可按以下规范程序进行急救：移离现场→保持呼吸道通畅→清除污染衣服→冲洗→共性处理→个性处理。

三、化学烧伤的急救

化学腐蚀物品对人体有腐蚀作用，易造成化学灼伤。腐蚀物品造成的灼伤与一般火灾的烧伤烫伤不同，开始时往往感觉不太疼，等发觉时组织已灼伤。所以对触及皮肤的腐蚀物品，应迅速采取急救措施。化学烧伤一旦发生后，现场急救极为重要。如在同等条件下出现几例烧伤，但由于伤后各自的急救处理方法不同，则可以有完全不同的后果。因此，如何采取正确的现场急救方法，使损伤能减小到最低程度，这是每个从事危化品行业的员工必须掌握的知识。

(1) 化学烧伤的急救处理原则：

第一步，立即离开现场，并迅速脱去被化学物污染的衣裤、鞋袜等。

第二步，立即用大量流动的清水或自来水冲洗创面，冲洗开始越早，烧伤程度越轻。冲洗时间一般应持续半小时，以充分去除及稀释化学物质，阻止化学物质继续损伤皮肤和经皮肤吸收。气温低时要注意保暖。

第三步，冲洗后可再用中和剂处理。酸性化学物灼伤可用2%～5%碳酸氢钠溶液冲洗或湿敷；碱性化学物灼伤可用2%～3%硼酸溶液冲洗或湿敷，中和剂使用片刻后立即再用流动水冲洗，否则中和反应产生的热量有可能会加重组织损伤。

第四步，冲洗后不要任意涂擦油膏或紫药水，可用清洁布覆盖，然后再送专科医院治疗；烧伤面积大者，最好有医务人员护送，途中应给患者口服适量的含盐饮料或予以静脉补液。

若有眼睛灼伤，更应分秒必争地进行冲洗。由于眼灼伤往往疼痛剧烈，冲洗中常因疼痛而不彻底，因此，必须强调在冲洗时一定要用手掰开上下眼睑，充分暴露眼球，且眼球在冲洗时应上下左右来回活动，尽量把残留在眼内的化学物冲掉，冲洗时间不少于20min。

（2）常见化学烧伤的现场急救方法，见表7-1。

表7-1 常见化学烧伤的现场急救方法

化学物质名称	局部急救处理方法
硫酸、硝酸、盐酸、三氯醋酸	立即用大量流动的清水冲洗，再用5%碳酸氢钠溶液湿敷片刻，然后再用清水冲洗
氢氧化钠（钾）、碳酸氢钠（钾）、氨水等	立即用大量清水冲洗，再用2%醋酸或3%硼酸溶液湿敷片刻，然后再用清水冲洗
氢氟酸	立即用大量清水冲洗30min以上，再用3%氢氧化钙溶液冲洗或浸泡
苯酚	先用大量清水或肥皂水冲洗，再用75%酒精反复擦洗后用水冲洗，然后再用5%碳酸氢钠溶液湿敷片刻，最后用水洗净
氰化物	先用0.1%的高锰酸钾冲洗，然后用5%硫化胺溶液湿敷
黄磷	立即用大量清水冲洗或浸泡，并仔细清除创面上的磷颗粒，然后用2%硫酸铜溶液轻拭创面，再用5%碳酸氢钠溶液湿敷，最后用清水冲净
溴	立即用大量清水冲洗，再用70%酒精擦洗，然后用5%碳酸氢钠溶液湿敷，最后再用清水冲洗
氧化钙（生石灰）	先用植物油清除皮肤上沾染的石灰微粒，再用2%醋酸溶液冲洗，最后再用清水冲洗
硫酸二甲酯	立即用大量清水冲洗，然后用5%碳酸氢钠溶液湿敷，最后再用清水冲洗
焦油、沥青	用棉花沾些麻油或石蜡可将黏在皮肤上的焦油或沥青清除，小面积的也可用汽油或二甲苯将其擦去

四、危险化学品起火时的自救、互救

（一）火灾的自救、互救

一般情况下，绝大多数的火灾现场被困人员可以安全地疏散或自救逃生，脱离险境。因此，必须要培养自救意识，不惊慌失措，冷静观察，采取有效的措施进行疏散自救。

（1）火灾初起时，烟雾较大，能见度很差，疏散时如人员较多，应在熟悉疏散通道的人员带领下迅速地撤离起火点。被带领人前后扯着衣襟随疏散人员撤至室外或安全地点。

（2）在撤离火场途中被浓烟围困时，烟雾一般是向上流动，地面上的烟雾相对比较稀薄，因此可采用低姿势行走或匍匐穿过浓烟区的方法。如有条件，可用湿毛巾等捂住口鼻，或用短呼吸法，用鼻子呼吸，以便迅速撤出烟雾区。

（3）楼房下层着火时，楼上的人不要惊慌失措，应根据现场的不同情况采取正确的自救措施。

① 如楼梯间只是充满烟雾，可采取低姿势手扶栏杆迅速而下；

② 如楼梯已着火，火势尚不很猛烈时，披上浸湿的外衣、毛毯或棉被冲下楼梯；

③ 若房间火大，门或楼梯被烈火封住，无法通行时，利用阳台上的水管或用绳子、床单之类撕成长条连接起来，一端栓在门窗栏杆或暖气上，沿此向楼下滑；

④ 若手头没有合适的工具，或不敢向下滑，不要盲目逃生，要紧闭门窗，减少空气流通，延缓火势蔓延速度，随后用湿毛巾堵住口鼻，防止吸入毒气，并将身上的衣服潮湿，坐在窗台上，向外扔出小东西发出求救信号，等待救援。

（4）火灾时人身着火的应急措施。一旦衣帽着火，应尽快地把衣帽脱掉；如来不及，把衣服撕碎扔掉；或者是着火人就地倒下打滚，把身上的火焰压灭；在场的其他人员也用湿麻袋、毯子等物把着火人包裹起来，以窒息火焰；或者向着火人身上浇水，帮助受害者将烧着的衣服撕下。

（二）自救逃生时注意事项

发生火灾，若被大火围困，应想方设法自救。但逃生时应注意的问题是：

（1）若发现火势来自门外，开门前先用手探摸门的温度，如已经发烫，不宜开门，应设法从其他出口逃生。若不热，应缓慢开启，并在一侧利用门扇等物做好掩护，防止被烟气熏倒或被热气浪灼伤。

（2）不论是位于起火房还是未着火房间，逃到室外后，要随手

关闭通道上的门窗，以减缓烟雾沿人们逃离的通道蔓延。

(3) 逃生前不要为穿衣或寻找贵重物品而耽误时间。无路可逃时也不能向床下、墙角、桌子下面、大衣柜等角落退避。

(4) 如果身上衣服已经着火可按前面讲的方法把火灭掉，切记不能奔跑，那样会使身上的火越烧越旺，还会把火种带到其他场所，引起新的火点。

(5) 不要重新进入火场。受害者一旦脱离危险区，就必须留在安全地带，如有情况，应及时向救助人员反映，绝不能重新进入火场。

(6) 切记，发生火灾时，不能乘电梯，因为电梯随时可能发生故障或被火烧坏。

参考文献

[1] 赵耀江．危险化学品安全管理与安全生产技术．北京：煤炭工业出版社，2006.

[2] 万世波．化工工人安全卫生基础知识．北京：化学工业出版社，2008.

[3] 彭力．石油化工企业安全管理必读．北京：石油工业出版社，2004.

[4] 李万春．危险化学品安全生产基础知识．北京：气象出版社，2006.

[5] 翟鹏，刘文秀，裴存锋．石油化工企业班组安全教育读本．北京：中国石化出版社，2005.

[6] 朱宝轩．化工安全技术基础．北京：化学工业出版社，2008.

[7] 刘景良．化工安全技术．北京：化学工业出版社，2008.

[8] 赵庆贤，邵辉．危险化学品安全管理．北京：中国石化出版社，2005.

[9] 苏华龙．危险化学品安全管理．北京：化学工业出版社，2006.

[10] 邵辉，王凯全．危险化学品生产安全．北京：中国石化出版社，2005.

[11] 崔政斌．班组安全建设方法 100 例新编．北京：化学工业出版社，2006.

[12] 孟燕华．班组长职业安全健康知识．北京：化学工业出版社，2005.

[13] 《应急救援系列丛书》编委会．应急救援基础知识．北京：中国石化出版社，2007.

[14] 岳茂新．危险化学品事故急救．北京：化学工业出版社，2005.

[15] 陈海群，王凯全．危险化学品事故处理与应急预案．北京：中国石化出版社，2005.

[16] 任国友，安红昌．如何当好班组长．北京：化学工业出版社，2007.